青少年自然科普丛书

动 物 天 地

方国荣　主编

台海出版社

图书在版编目（CIP）数据

动物天地 / 方国荣主编. —北京：台海出版社，
2013. 7
（大自然科普丛书）
ISBN 978-7-5168-0190-1

Ⅰ. ①动…Ⅲ. ①方…Ⅲ. ①动物—青年读物
②动物—少年读物 Ⅳ. ①Q95-49

中国版本图书馆CIP数据核字（2013）第130552号

动物天地

主　　编：方国荣

责任编辑：孙铁楠
装帧设计：视界创意　　版式设计：钟雪亮
责任校对：张　妍　　　　　责任印制：蔡　旭

出版发行：台海出版社
地　　址：北京市朝阳区劲松南路1号，　邮政编码：100021
电　　话：010—64041652（发行，邮购）
传　　真：010—84045799（总编室）
网　　址：www.taimeng.org.cn/thcbs/default.htm
E-mail：thcbs@126.com

经　　销：全国各地新华书店
印　　刷：北京一鑫印务有限公司
本书如有破损、缺页、装订错误，请与本社联系调换

开　　本：710×1000　　1/16
字　　数：173千字　　　　　　　印　张：11
版　　次：2013年7月第1版　　　印　次：2021年6月第3次印刷
书　　号：ISBN 978-7-5168-0190-1

定价：28.00元

目录 MU LU

我们只有一个地球

方国荣

巨人安泰是古希腊神话中一个战无不胜的英雄，他是人类征服自然的力量象征。

然而，作为海神波塞冬和地神盖娅的儿子，安泰战无不胜的秘诀在于：只要他不离开大地——母亲，他就能汲取无尽的能量而所向无敌。

安泰的秘密被另一位英雄赫拉克勒斯察觉了。赫拉克勒斯将他举离地面时，安泰失去了母亲的庇护，立刻变得软弱无力，最终走向失败和灭亡。

安泰是人类的象征，地球是母亲的象征。人类离不开地球，就如鱼儿离不开水一样。

人类所生存的地球，是由土地、空气、水、动植物和微生物组成的自然世界。这个世界比人类出现要早几十亿年，人类后来成为其中的一个组成部分；并通过文明进程征服了自然世界，成为自然的主人。

近代工业化创造了人类的高度物质文明。然而，安泰的悲剧又出现了：工业污染，动物濒灭，森林砍伐，水土流失，人口倍增，资源贫竭，粮食危机……地球母亲不堪重负，人类的生存环境遭到人类自身严重的破坏。

人类曾努力依靠文明来摆脱对地球母亲的依赖。人造卫星、航天飞机上天，使向月亮和其他星球"移民"成为可能；对宇宙的探索和征服使人类能够寻找除地球以外的生存空间，几千年的神话开始走向现实。

然而，对于广袤无际的宇宙和大自然来说，智慧的人类家族仍然是幼稚的——人类五千年的文明成果对宇宙时空来说只是沧海一粟。任何成功的旅程都始于足下——人类仍然无法脱离大地母亲的庇护。

美国科学家通过"生物圈二号"的实验企图建立起一个模拟地球生态的人工生物圈，使脱离地球后的人类能到宇宙中去生存。然而，美好理想失败了，就目前的人类科技而言，地球生物圈无法人工再造。

英雄失败后最大的收获是"反思"。舍近求远不是唯一的出路，我们何不珍惜我们现在的生存空间，爱我地球、爱我母亲、爱我大自然，使她变得更美丽呢？

这使人类更清晰地认识到：人类虽然主宰着地球，同时更依赖着地球与地球万物的共存；如果人类破坏了大自然的生态平衡，将会受到大自然的惩罚。

青少年是明天的主人、世界的主人，21世纪是科学、文明、人与自然取得和谐平衡的世纪。保护自然、保护环境、保护人类家园是每个青少年义不容辞的职责。

"青少年自然科普丛书"是一套引人入胜的自然百科和环境保护读物，融知识性和趣味性于一炉。你将随着这套丛书遨游太空和地球，遨游海洋和山川，遨游动物天地和植物世界；大至无际的天体，小至微观的细菌——使你从中学到丰富的自然常识、生态环境知识；使你了解人与自然的关系，建立起环境保护的意识，从而激发起你对大自然、对人类本身的进一步关心。

◎ 生灵之谜 ◎

    亿万年的生物进化，造就了数以千万计的动物。这些大大小小的生灵，以自己的方式生活在天空、陆上和水中。

    大自然的造化千奇百态、妙趣横生，并给我们留下了无穷之谜……

骆驼的驼峰里有什么

第二次世界大战结束的时候，世界上好多地区食物紧缺，人和动物都没有东西吃。据说，日本上野动物园里饲养的一头骆驼，驼峰不是直立，而是倒向一边。原来，骆驼也患了营养不良症，驼峰里的脂肪已消耗殆尽。

从前，人们曾说，骆驼的驼峰里装有水，赶路人曾经在万不得已的时候喝过它。可是，剖开骆驼的驼峰一看，里面根本没有水，整个儿是一块大脂肪。在食物不足的情况下，骆驼是靠这些脂肪维持体力的。

天气炎热时，里边的脂肪不多，因此驼峰低而软塌，秋天骆驼养肥后，驼峰就坚实地鼓竖起来，两座驼峰里足足可以储存40千克脂肪。艰苦的长途跋涉常使骆驼处在饥渴交迫的困境，这时奇异的驼峰脂肪便会逐步起化学变化，氧化分解，供给骆驼体内所需要的营养、能量和水分。

据估计，每100克脂肪在氧化时可以产生107克水，那么，储满脂肪的两座驼峰在不断氧化的过程中，就可以得到40多升水，可见驼峰并不是一个普通的蓄水池，而是相当于一个化学储水池。

有两位科学家曾经在沙漠里做过这样一个试验：把几头骆驼拴在太阳下晒了8天，不给一滴水喝，结果骆驼平均轻了100千克，相当于体重的20%，但是它们仍旧以惊人的毅力挺立在骄阳之下。这是什么道理呢？

原来，尽管骆驼在阳光暴晒之下减轻了体重的四分之一，可是血液中的水分却只减少十分之一，血液在血管里的循环还是畅通无阻。假如其他动物处在类似的情况下，血液中失去那么多水，早就会由于血液变稠而无法进行正常的血液循环了。显然，骆驼既会储水，还善于保水，凭这个生理特点，所以才能千里迢迢跋涉在沙漠旅途中，这也是它比其他动物更能忍饥耐渴的真正原因。

母兔胎儿"消失"之谜

野家兔能控制自己兔群的数量，而且办法也极为奇特。部分原因是由于残酷的生存竞争造成的，例如，受到气候条件的制约，等等。

英国斯科克霍尔姆岛上，在极其干旱的1959年夏季之后，栖息在岛上的1万只野家兔当中，只有150只熬过了那年的冬天。

不久前，人们查明了一桩令人十分惊奇的事——有一部分野家兔的后代不离娘胎就"消失"了！一般是受孕后28～30天小兔出生；如果境况不佳，第12天或第20天时胚胎往往在子宫里被吸收，母兔的机体可将花费在胚胎上的所有营养物质再吸收回去。这一过程仅用2～3天时间，然后母兔就回奶，又可以再交配。总之，一切都像它生了小兔似的。

1962年在新西兰工作的动物学家麦克利文断言，当地的野家兔有一半以上受孕后是以这种方式告终，胚胎被吸收，母体失去的营养比流产少得多。

一般的情况下，野家兔流产的机会是很少的。于是兔栏里的兔子越挤越多，而能吃到的食物质量则越来越差，命中注定不能出世的儿女就会越多。怀孕母兔神经过分紧张时，对胎兔可能也有很大影响。

一窝窝兔子离得越近，发生争斗的机会越多，斗起来也就越凶狠。"私人的领地"分得越小，饲草也就越少。

年轻的母兔胚胎化掉的机会比老母兔多。现已查明，"兔王后"，也就是等级高的母兔，一年可生6～7次小兔；级别低的母兔生6次，或5次。"兔王后"哺育大的小兔占所生小兔的56%；地位低的母兔养育大的小兔仅占31%。每胎小兔为4～6只。

在良好的气候条件下，母兔一年可生30多只小兔。每年第一胎生的小母兔，当年又可生1～2次小兔，那么一只母兔的子子孙孙加在一起，到繁殖年度结束时，能有40多只！据某些资料报道，在新西兰，一只母兔一年甚至能生60多只小兔。

野家兔长到20个月，是发育的鼎盛时期，体重也最大。一般认为，野家兔可活8~9年。

野家兔的数量过多时，往往会造成神经过度紧张，不仅导致胚胎常常化掉，而且会引起一些大家兔的死亡。

浣熊爱洁之谜

浣熊有一个特点，就是不论吃什么食物，总要放在水中洗一洗，所以叫它"浣熊"。其拉丁学名也有"洗物者"之意。

在动物园里，尽管喂给它的食物已经过消毒，但它毫不领情，照样放入水中，甚至把饼干之类也浸到水里，弄得无法捞起，它是宁可不食，也不肯省去这一过程。更可笑的是，再脏的水它也照洗不误。

有些科学家分析浣熊因为缺乏唾液腺，所以进食时要把食物弄湿，以便吞咽。但它吃含水分多的果子蔬菜也"照章办事"。浣熊这一奇怪的习性至今还是一个谜。

老牛识途之谜

古时有老马识途，使迷失路途的管仲找到了道路，现在却有老牛识途。1988年12月15日，岑溪县南渡镇的农民丘国志到马路乡福塘村蒙立明处借回了一头水牛参加农田基本建设，当日下午放到屋后的山上去吃草时不见了。于是全家人倾巢出去寻找，没见踪影。

谁知到了17日下午，牛的主人蒙立明到来说，牛17日中午已回到蒙家了。两家相隔15公里，牛能自己返回老家，实属罕见。

在美国狄温市，有一头老母牛被卖后逃跑出来，翻山越岭寻到它那同样被卖出去的牛仔。这头名为"黑妹"的母牛和它的牛仔"白兰地"在美国狄温市上被卖给两家农民。"黑妹"由买主约翰牵回农场。8周大的"白兰地"由买主史利曼买去，两家相距10公里。

"黑妹"的新主人约翰，买牛的第二天接到史利曼挂来的电话说，"黑妹"已跑到他那里去了。他马上到牛棚查看，果然不见母牛"黑妹"，于是立刻赶到史利曼家。"黑妹"呆然在那里，正舐着它的小牛仔"白兰地"。

此情此景，令约翰和许多看热闹的邻居都为这场"寻子"而感动，约翰决意请史利曼把"白兰地"也让给他。

在欧美和日本报刊上，1984年刊载过一则更加令人惊异的新闻：美国佛罗里达州施巴牧场主西达尼·克拉普的一头母牛施里安，被卖到60公里外以后，竟突然回到了它的旧主人身边。

据悉，这头母牛不仅设法逃出了买主的牛栏，还远涉河川，穿越高速公路，历经20多个小时，才回到了故乡。

当西达尼·克拉普看到这头遍体鳞伤、体重减轻了90千克的母牛时，真是百感交集。更有趣的是，施里安回到它的老家时，还产下了一头小牛犊！

　　当克拉普把这头母牛连同小牛交还给它的买主时，母牛居然依依不舍地洒泪而别。

　　买主只好用加高牛圈栏的办法，来禁闭这头对他没有感情的母牛。至于该牛为什么一定要回到它住过多年的旧居去产仔？这真是个难解之谜！

恐龙灭绝之谜

  恐龙在6500万年前突然从地球上消失了，引起恐龙突然灭绝的原因至今还不清楚，于是恐龙的灭绝就成了古生物史上的一个大谜。多少年来，恐龙灭绝之谜一直是古生物学家以及一切对恐龙怀有浓厚兴趣的人们关注的焦点，这些大型动物究竟为什么突然在地球上消失，科学家们提出了各种推测，如温度变化、流行病、超新星爆炸破坏了大气臭氧层等等，但都不是圆满的解释。这一问题已成为科学界关注和争论的热点。

  当今的科学家们，正怀着执着的科学精神，依靠现代科学手段，通过各种途径挖掘恐龙化石，研究恐龙，我国的生物学家们也已从恐龙蛋中获得了恐龙基因片段。尽管如此，距离完全破解恐龙灭绝之谜，尚需时日。总之，如此之多的不同种类的恐龙同时灭绝，应该不是某一种原因造成的，或许几种推论加起来，就是恐龙灭绝之谜的全部答案。

  在所谓地质年代的中生代（包括距今2.25亿年的三迭纪、距今约1.8亿年的侏罗纪、距今约1.3亿年的白垩纪），是恐龙这个大家族人丁兴旺的时期，当时气候温暖湿润，地面上布满了墨绿色的沼泽，郁郁葱葱的原始森林，清澈透明的湖泊，高大粗壮的银杏树、苏铁树和棕榈树长得茂密粗壮。美丽的蕨类植物一片连着一片。在这美丽的童话般的世界里，恐龙们悠闲自得地生活着。

  正因为环境过于舒适，恐龙的身体构造和生理上的适应等，都只适应当时的条件，而这样的适应方式和自己身体的构造，在漫长的年代中，逐渐定型下来。然而到中生代末期，地球上发生了一件大事，那就是地壳上长出许多山来，沼泽也被毁灭了，这么一来，它那养尊处优惯了的身体就无法适应新环境。

  首先碰到的问题是，空气既干且热，它那仅仅适于对付湿热空气的呼吸器官，顿时就有些受不了了。与此同时，鸟类和哺乳类动物，早已发展起来，它们的脑子机灵，动作敏捷，又是恒温动物，便于适应周围气候变化。而体躯粗重、行动迟缓而脑子又不发达的恐龙，无论在适应新环境，还是在抢夺食物等方面，决非敌手。于是在这场激烈的生存斗争中，恐龙的失败乃至灭绝便被注定了。

美国路易斯安那州的野生动物和渔业委员会的生物学家乔南等人，经过实验发现：在他们将收集的500多个鳄鱼卵，分别放在几个孵化器孵化时，鳄鱼胚胎的性别，是在第二、第三周确定的。当孵化温度低于30℃时，孵出的鳄鱼，绝大多数是雌性。当温度高于34℃时，孵出的绝大多数的鳄鱼为雄性。

接着，他们又用密西西比河鳄鱼卵，做了同样的实验。当孵化温度在30℃时，小鳄鱼的性别是雌雄各半；在30℃以下时，则全部是雌性；在30℃以上时，则全部是雄性。倘若孵化温度低于26℃或高于36℃，鳄鱼卵则全部死亡。

这个实验有力地证明了，鳄鱼的性别不是由父母的性染色体决定的，而完全是由卵的孵化温度所控制。

这一发现令科学家大为兴奋，因为鳄鱼是恐龙类动物的幸存者。假如恐龙也曾具有同鳄鱼一样的性别决定模式，那么，远在白垩纪结束时，曾出现的全球范围的气温下降，就极可能是导致恐龙只能孵化出雌性幼龙、最终落到了灭种的境地原因了。

由于恐龙是冷血动物，自然界温度不论是上升还是下降，哪怕是轻微的变化都会对它们的生活带来影响，有的是直接的，有的是间接的。比如，温度的变化肯定会影响当时植物的生长。在白垩纪，有很多新的植物出现，替代了原有的一些植物，这就对食草恐龙影响很大，如果这类恐龙不能调整口味，改吃新的植物，自然就会饿死了。而食草恐龙的死亡，又使以吃食草恐龙为生的食肉恐龙失去了食物，因此便也相继饿死了。

太阳耀斑是一种极其强烈的太阳活动现象，此时它会发射很强的电磁波和高能量的质子、电子等粒子流，使太阳系宇宙射线增强，严重的会刺激和杀伤生物体内基因，使其发生变异从而影响生物的生存。

生物学家通过对其它耀星的观察及对月岩、陨石标本的分析，推论在白垩纪后期，太阳可能发生过比目前观测到的太阳耀斑强几十倍的超耀斑，而恐龙完全有可能就是受其影响，生命基因遭到破坏而全部死亡的。

生物考古学家在日本千山挖掘恐龙化石时，在其化石层同时发现有许多火山炭屑，结合白垩纪末期有强烈的地壳运动，火山喷发频繁，由此推论，由火山爆发产生的大量尘埃、有毒气体及放射性元素恶化了空气、使恐龙中毒，从而导致了恐龙的灭绝。

随着恐龙蛋化石越来越多地被挖掘出来，生物学家渐渐发现了个规律：出土的化石蛋多是恐龙灭绝的白垩纪晚期的，恐龙繁盛的侏罗纪和白垩纪早期的恐龙蛋则罕见，而反比颇为明显，即越是恐龙兴旺的时期，蛋化石就越少；越是恐龙接近灭绝的时期，蛋化石就越多。问题随即便提出来了：在某种原因下，造成恐龙蛋无法孵化，从而使恐龙后继无"龙"而灭绝。因为蛋不能孵化还不是恐龙灭绝的根本原因，所以"蛋不能孵化说"即便能成立，也只是二级原因。

我们的地球自形成以来，先后发生过数十次周期性的地磁场倒转，而当磁场发生倒转时，臭氧层会大量减少，地球屏蔽作用大大减弱，宇宙射线便对地球生物发生强烈影响。白垩纪晚期正好发生过一次地磁场倒转，有生物学家于是认为恐龙是因为遭受过强的太阳辐射和宇宙射线的照射，导致肌体内分泌紊乱，最终走向了衰亡。

在6500万年前，有一颗大小与哈雷慧星相近的小行星以每小时16万公里的速度撞上了地球。这次撞击的猛烈程度比全球所有核武器在同一地点爆炸的威力还要大。撞击后，大约有20万立方公里的土壤和岩石被汽化，飞溅到空中；同时产生了摄氏2万度以上的瞬间高温；另外，100多米高的潮汐波汹涌地越过大洋并在数万公里之外的地方引起10级左右的大地震；猛烈的撞击还使大气充满了有毒有害的化学物质和放射性元素；原始森林及草原燃起了冲天大火；烟雾、尘埃、蒸汽遮天蔽日，一时间，世界只有夜，却没有了昼……这种情形一直持续达数月之久，绿色植物因无法进行光合作用而大量死亡，造成食物链被破坏而使恐龙无法生存。

蛙类防冻之谜

在冬季里，人们为了防止汽车散热器结冰，往往要加入防冻剂，美国明尼苏达大学的威廉·史密德博士发现有些蛙类竟然也会用相似的办法来在冬季保护自己。因此它们能够在冰点以下的温度中生存下来。

史密德博士在他的实验室中做了大量实验，他把许多蛙（如美国东部的小雨蛙，以及灰树蛙、林蛙等）冰冻起来，过了5～7天后再慢慢地使之解冻。当这些蛙解冻后还依然活着。经过仔细的研究，他终于发现了蛙类冻不死的"秘密"，他在这些蛙类的体液中发现了一种我们人类在防冻剂中常常用的物质：丙三醇。

如果是在春天或夏天时，在这些蛙的体液中却找不到这种防冻的物质。这样看来，这些蛙像人类一样，也是事先准备好了防寒的防冻剂，所不同的是：它们的防冻剂是"自制的"罢了。

鲸类集体"自杀"之谜

　　鲸类集体"自杀"事件，在世界各地都曾发生过。18世纪中期，在法国的奥捷连恩湾，有30多头抹香鲸在涨潮时进了海湾，退潮时却没有回去，原来它们在沙滩上搁浅了，几天后，它们集体死在海滩。

　　鲸类集体死亡规模比较大的一次发生在1946年的秋天，地点在南美洲的阿根廷的马德普拉塔的海滨浴场。这一次，足有835头伪虎鲸（又名拟虎鲸）冲上海滩，集体"自杀"。

　　上世纪70年代初，美国佛罗里达州皮尔斯堡沙滩上，海岸警卫队发现有50多头小逆戟鲸（又名虎鲸）纷纷冲上海滩，他们把它们拖回了海里。不久，它们又游了上来，似乎非死不可。

　　1979年10月，加拿大的欧斯峡海湾的海滩上，有100多条领航鲸（又名巨头鲸）突然冲上了海滩，当地渔民用水冲，用绳拉，想把它们送回海里，但它们似乎"去意已定"，坚决不肯回去，最终全部死亡。

　　1984年3月上旬，在新西兰北部城市奥克兰的海边，发生了一起80条巨鲸死亡的大悲剧。这一悲剧是由于一条幼鲸偏离鲸群后，搁浅在海边，先后有143条圆头鲸冲上岸滩奋力营救造成的。事情发生后，奥克兰的驻军和当地居民连续一天一夜进行紧急抢救。结果有60条巨鲸被救回海里，有25条由于受伤后无法医治而被枪杀，另有55条因搁浅时间太长而死亡。

　　近年来，在我国也多次发生鲸鱼集体"自杀"事件：

　　1978年10月，有渔民发现15头伪虎鲸在金州湾集体"自杀"。当时，停泊在金州湾的"辽金2171号"渔船正准备拔锚起航，突然看见一群伪虎鲸直往海滩冲去。轮机长命令船上的民兵向鲸前进的方向扔了几颗手榴弹，又开了几枪，试图阻止它们的"愚蠢"行为。

　　然而，这些鲸死意坚决，对人的阻拦倍加恼火，它们示威似的在船的周围乱蹦乱跳，好像要把船吞掉。

片刻功夫，不大的海滩已全部被鲸鱼占领了，只见它们有的前半截身体靠在岸边，后半截身体仍在水里；有的把头钻到岩石缝里，鼻孔还大口大口地喘着粗气。

渔民们不忍心看它们活活干死，很想把它们送回大海。然而，当人们动手将一条小鲸推下海里去时，这条鲸"火冒三丈"，尾鳍用力一甩，把救援者甩到了海里。见此情景，其他人都不敢轻举妄动了，只得眼睁睁地看着它们一个个悲惨地死去。

据测量，这15头伪虎鲸体长都在3米以上，体重近500千克，其中最大的一头体重高达800千克。

最早把鲸类冲上海滩搁浅而死的行为说成是自杀的是古代的一个叫做普卢赫的外国著名学者，这种说法一直持续至今。但是，这种说法是不科学的。后来，探求鲸类"自杀"的原因成了许多动物专家的研究课题。

自普卢赫开始，始终有人持"自杀"的观点，但鲸类和人毕竟不一样，它们没有思维和主观意识，所以不可能像人一样有复杂的思想感情。

另外，鲸鱼在沙滩搁浅后，嘴里会发出像呼救一般的声音。如果说它们是自杀，那么，它们为何还要呼救呢？

显然，这种观点是站不住脚的。

有人提出鲸鱼是到"沙滩上休息"。前苏联科学家已经发现，鲸类完全可以在水中休息或睡眠。它们在水中休息或睡眠时，仅大脑一侧停止活动，而大脑另一侧处于清醒状态，从而控制活动和呼吸，而不致于会淹死或憋死。

既然它们完全可以在海中休息，那么，它们就没有必要到沙滩上休息。如果到沙滩上休息，它们完全可以在休息后返回大海。

所以，这种说法也是不能使人信服的。

"用沙粒擦洗皮肤"也是一种流行的说法。

确实有部分鲸类动物利用浅水区海滩上的沙粒擦洗皮肤，但它们往往在擦完后，就会返回大海。科学家还没有发现它们因擦洗皮肤而导致集体搁浅的事例。

寻找"陆地和追寻古代迁移路线"从一些鲸类动物搁浅的航线来看，它们并不是沿着各个地质期的海路，因此，寻找陆地以求安全和追寻古代迁移路线这两种观点也是行不通的。

"脑部感染而迷失方向"确实有一些鲸鱼因脑部感染了寄生虫，或者脑受到损伤而发生了搁浅，但这并不能因此就断定鲸鱼搁浅的原因就是脑部受了感染或受到损害，因为在搁浅鲸类中，还有许多鲸鱼是健康的。这又如何解释呢？

"聚居压力"据观察，加拿大自宣布停止捕猎巨头鲸后，这种动物搁浅数量明显增多。因而有人提出过多的鲸形成了聚居压力，故而导致搁浅。

这种说法也很牵强，况且没有真凭实据。

有一些科学家认为：可能是"声波和超声波对鲸复杂的回声定位系统产生了影响"。他们说，鲸类的眼睛很小，视觉不佳，一般都会利用超声波来探测目标，并会根据反射回来的信号，判断目标的方位，这叫做"回声测位"。如果遇上了恶劣气候，海滩的泥沙或淤泥泛起，这就给回声测位造成了困难。

其次，缓缓倾斜的海底沙滩也是一个造成鲸类自杀的重要因素：发射出去的超声波一到那儿就会减弱，无法反射回来，于是鲸便失去方向感，以致搁浅。

据统计，在英国大约有三分之二的鲸类动物搁浅，都是发生在倾斜的沙滩上。

这种观点遭到很多人的反驳，就算英国有三分之二的鲸类动物搁浅发生在倾斜的沙滩，但还有三分之一的鲸类动物发生搁浅的原因不是如此。他们认为这种观点可以解释个体鲸鱼"自杀"，却不能解释鲸鱼集体"自杀"。

他们认为鲸类集体"自杀"的原因很可能与它们的"互助特性"有关。

新西兰渔业部的专家就曾说，鲸鱼有一种不可思议的互助特性，一旦它们当中的某个成员遇难，其它的绝不会袖手旁观。

持这种观点的专家的证据是：在那次奥克兰海边发生的鲸类"自杀"事件中，被救回海里的鲸鱼中，就有一头看来已非常虚弱，不能自由地游动了，但在它的左右，各有一头鲸鱼在帮助它。更令人难以置信的是，这些鲸鱼轮流守护着它，一头累了，马上就会另有一头游来接替，直到它们一起游向海洋的深处。

有些捕鲸者也支持这种观点，他们知道：虎鲸就有这样的特性，它们中只要有一头受伤，其余的就不会远离。当捕鲸炮击中雌鲸后，雄鲸常常聚拢在它的周围。另外，圆头鲸（又名"北太领航鲸"）喜欢一个跟着一个地游。如果有一两头被捕鲸者击中，其余的不会远去，而会随之冲上岸来。

前面的几种观点乍看上去似乎都有点道理，但都经不起细细推敲。在基本否决了那几种观点后，目前科学家又有新说法：

地球生物学家约瑟夫·吉西维克收集和分析了大西洋沿岸地球磁场的数据资料和鲸鱼搁浅在海滩的记录，发现鲸鱼"自杀"的举动大多发生在相对弱的磁场交叉的海岸。

由此，他认为：鲸目动物通常沿着南北磁极线回游。鲸鱼用自身的"指南针"导航，这种"指南针"是在它额头前的机体结构内的磁粒束。因此这些鲸目动物要是偏离了南北磁极线，就无目标地冲上了海岸。

英国科学家也提出，研究鲸目动物的导航机制，可以解释全部鲸类动物搁浅的原因。我国学者殷静雯、华惠伦撰文认为：鲸类动物虽然能利用地磁场来为自己确定地图和定时器，但是它们不像人类利用指南针那样，直接使用地磁场，而是通过判断局部区域地磁场的相对强弱，来操纵位置和航线的。

地球上的总磁场不是千篇一律的，而是一种宛如"丘陵"和"山谷"的多变形态。在海洋里，总磁场因大陆运动而早已形成一系列几乎平行的丘陵和山谷。鲸类动物便沿着平行于等高线的方向运动。

由于地磁场并非在海洋滩边终止，而是一直延续到陆地。因此，人们不禁会问：鲸类动物为什么会仅仅搁浅于海边？

原来，英国科学家从可存的记录结果分析出：发生搁浅的位置，其磁力线都垂直于海边。由此看来，鲸类动物搁浅是因为出了航行偏差，犹如是发生了交通事故，属于误认了"地图"所致。

众所周知，地磁场虽然每天以恒定的方式波动，但因太阳的活动，而存在着不规则的波动。当鲸类动物早晨的航行意向，因地磁场不规则的波动而变得模糊时，它们就有可能发生搁浅。

英国科学家的研究还表明：鲸类动物误认地形时，距陆地尚有一定的距离。尔后它们径直沿着错误的航线游行，直至到达岸边。虽然我们不知道鲸类动物在发生搁浅前，有几次误认地形得以纠正。但是，我们确实了解到未经纠正的误认最终导致了搁浅。

据统计，在成千上万的海洋鲸类动物中，发生搁浅的只是极少数。这说明它们通常是擅长自我导航的。

鲸类的导航系统十分简单，它既无指南针，又无探测磁极的补偿系统。仅有"一张地图"和"一个计时器"。所以，鲸类动物必须在哺乳期内，就跟妈妈熟悉地磁区域，通过不断探险或旅行实践以后，幼鲸的这种导航本领才会日臻完善。

由此而见，鲸类搁浅的主要原因可能是鲸类的导航机制出了问题，从而偏离了方向，导致漫无目标地冲上沙滩。

尽管这种说法可以解释全部鲸类动物搁浅原因，但这是不是唯一的原因，目前世界各地的科学家们还在作进一步的探索。

头足类"婚后死亡"之谜

章鱼、乌贼和鱿鱼同属软体动物门的头足纲，号称"头足类三兄弟"。这"三兄弟"的长相和生活习性都各有特色，但它们却有一个共同的特点，那就是它们都会在婚礼结束、生儿育女之后不久，即相继死去。

"三兄弟"一生中只有一次生育机会。交配之前，雌雄个体往往会举行非常隆重的婚礼。可惜的是，婚礼之后紧接着的，就是葬礼。雄性个体在婚礼后7～10天内便会悄悄死去，而雌性个体在等到后代从卵中游出后，也会死去。

这是什么原因呢？科学家们经过研究发现，在雌性个体的眼窝后面，有一对腺体，这对腺体在"三兄弟"的婚礼之后，会分泌出一种液体，这种液体会由雌性个体传给雄性个体，使双方都食欲大减，经过一段时期的绝食而走向死亡。因此，科学家们就将这种腺叫做"死亡腺"。

为了探索"死亡腺"的秘密，他们对雌章鱼做了一系列实验。

科学家们将雌章鱼眼窝后的一对腺体切除了一只，然后观察她的变化，结果雌章鱼仍然不吃东西，但是她的寿命延长了100天。他们又将另一只雌章鱼的两只腺体都切除了，结果发现，雌章鱼突然放弃了绝食行为，开始大吃大喝，并且脾气变得非常暴躁，不过它的寿命却得以延长，多活了9个月之多。看来，确定是"死亡腺"所分泌的激素对章鱼产生了影响，使它主动放弃了生命。

那么乌贼和鱿鱼之死是否也出于同样的原因呢？科学家们正在作进一步的研究，以期早日揭开"头足类三兄弟"的死亡之谜。

鳄鱼吞石之谜

鳄鱼有吞食石块的习惯。有人以鸡鸭吞食砂粒来推断鳄鱼，以为同样是为了帮助消化坚硬的食物，事实确实如此。

剖开扬子鳄的胃，就能看见里面装满了各种各样的食物——鱼、虾、田螺、螺蛳、河蚌、水生昆虫、青蛙、小龟、蛇、鸟和野兔等。扬子鳄吃得最多的是田螺，占总食量的41%；其次为螺蛳，占22%。

此外，在它的胃里，还有一颗颗弹丸似的小石头，一粒粒稻米大小的细砂粒。

鳄的消化系统主要由消化管和消化腺组成。它的消化管是一条长长的、弯弯曲曲，粗细不均的管道。有的地方大如鼓，有地方细如绳。

当食物经过鳄的口腔吞入后，依次经由咽喉、食管、胃、小肠、大肠，然后从肛门排出体外。胃是鳄体内最大的一个膨大器官。扬子鳄胃的外形很像猪的胃，它能分泌消化液和消化酶，帮助其消化食物。

扬子鳄的胃壁很厚，由3层平滑肌组成。当它强大有力的胃壁在舒张与收缩时，胃内的各种食物总处于不停地运动状态。而那些石头和砂粒，在食物中间挤、压、磨，不停地来回冲撞。这时田螺、河蚌等硬壳食物，早已被胃酸，消化酸浸蚀、软化。再经过石头的冲击、磨压，很快就成为粉状了。

另外，在扬子鳄体内，有5个大脂肪体，即5个"营养库"。它们分别是：网膜脂体，尾部脂肪体、胸肌脂肪体、颈部脂肪体和泄殖腔脂肪体。

这些脂肪体，贮存着扬子鳄在冬眠前摄取的各种营养，它就是靠着这些食物营养，熬过那漫长的冬眠期。

由此可见，扬子鳄吃石头，是为了让其帮助胃壁磨碎硬壳食物，使之尽快得到消化、吸收和贮藏。

除此以外，鳄鱼吞食石块，还有增加体重、提高潜水能力的作用。鳄鱼腹中的石块，可以起到与轮船内的压舱物一样的作用，有了它，鳄鱼才能在水下稳妥地行动，不致被激流水浪冲跑。

有趣的是，不论鳄鱼多大，它只吞食占它体重百分之一的石头，不多也不少。

鸟类迁飞导航之谜

鸟儿为什么要迁徙呢？难道只是出于本能吗？这个问题目前没有定论。

有人说这与鸟儿的繁殖有关，春暖花开时节，随着气温的升高，鸟儿的体温也逐渐升高，高温对精子的发育、生存都不利，所以此时，鸟儿要迁徙到北方去进行繁殖。那些地方纬度高，夏季温度并不过高，但日照又长，有利于哺育幼鸟。

更多的人说鸟儿迁飞的原因是为了躲避严寒，因为它们都是飞到南方去过冬。其实，在迁徙鸟类中，有不少鸟儿是不怕冷的，那它们为什么也要迁飞呢？于是，便产生了第三种说法。

第三种说法是在冬季，北方食物相当缺乏，鸟儿在这样的环境中无法生存，而南方因没有严寒，所以食物相对丰盛些。为了觅食，鸟儿在冬天必须迁往南方。

另有个推测，鸟儿迁徙的根本原因是受体内的一种物质的周期性刺激导致的。这种刺激物质可能是性激素。

还有的鸟类学家从历史上寻找鸟类迁徙原因。他们发现，鸟类的迁徙主要发生在北半球的欧洲、亚洲和北美洲，因而觉得用冰川期来解释更为恰当些。当冰川期发生与形成时，会使鸟类向南迁徙；当冰川期向北退却时，鸟类则随之向北迁徙。这种解释倒是很符合鸟类早在几百万年前就已经开始迁徙之说。

也有的人用生物钟和"日钟"、"年钟"来解释。

综合起来说，鸟类的迁徙应该是生存环境和自身的生理状况相互作用的结果。

大多数候鸟的迁飞路径都是固定的，海鸟沿着海岸飞行，普通水鸟沿着河岸飞行。

北欧的白喉莺总是沿着巴尔干半岛，飞过地中海，再沿尼罗河，飞往上游。

鹳鸟从北欧迁飞，途经地中海、撒哈拉沙漠，一直飞到南非。

黄胸鹀在春季到来时，从印度半岛、中印半岛，向北飞到西伯利亚，再经过东欧，飞到西欧地区。秋季，它又顺着这条迂回的途径，经由东欧、西伯利亚，最后南迁到印度半岛和中南半岛。

它们的迁飞路径为什么总是固定的呢？它们到底是靠什么来导航的呢？

曾经有人认为鸟类是通过视觉，依据地形、地物与食物来辨认和确定迁徙路线的。他们说鸟儿在飞行时，在空中鸟瞰，很容易通过识别海岸线、河流、湖泊、房屋等的标志来判断飞行方向。另外，他们说，鸟儿有较好的视觉记忆，因此能识别老路。

这个说法其实不能全面解释鸟类的导航问题，因为有不少鸟儿在迁徙时，白天休息，晚上飞行。这时，它在空中能看见地面上的什么东西呢？加之，广阔的海洋上毫无标记，在海上空飞行的鸟儿又是凭什么确定方向呢？另外，有些幼鸟比成鸟更先迁飞，它有多少视觉记忆呢？

于是，新的说法应运而生。有人认为鸟类在白天迁徙时是以太阳的位置来导航的，而在夜晚迁徙的鸟儿则靠星宿的位置来导航的。无论是靠太阳，还是靠星宿，大多数鸟儿的体内都有生物钟，它帮助鸟儿导航。其实，准确地说，不同鸟的导航系统是不同的。比如，有的鸟是利用太阳的方位移动来调节方向的；有的则是依靠星星来导航的。科学家发现，有的鸟类对地磁有敏锐的感应。另外，红外线辐射的增减，也能够使鸟儿的生物钟起导航的作用。

企鹅从不迷路的秘密

企鹅有一个绝招，那就是从不迷路。

南极的冬季，白雪皑皑，晴空万里，长达半年的白昼到来了。企鹅"爸爸妈妈"们，带着它们"身穿夜礼服"的儿女们远离故乡，向千里迢迢的海洋觅食去了。当第二年二、三月份南极的寒夜来临时，它又带着儿女们日夜兼程，摇摇摆摆，匆匆奔回故土。年复一年，从不间断。

令人惊奇的是，广阔无边的南极大陆是一片白茫茫的冰雪原野，地上什么标志也没有，而它们是怎么前进的，为何总不迷路呢？

多少年来，为了揭开这个谜，科学家们在南极进行了各种各样的实验：

美国科学家在企鹅繁殖地抓了5只企鹅，并在它们身上拴了标志，然后用飞机将它们运到远离故乡1500公里外的一个海峡，从5个不同地点把它放走。10个月后，这5只企鹅竟然不约而同的全部返回了故乡。

另一个美国动物学家把几只企鹅带到远离它们故乡几百公里以外的地方，挖了几个冰窖，把企鹅一只只分别放了进去，再盖上盖子，然后从观测塔上用望远镜进行观察。动物学家和他的助手们观察到企鹅钻进冰窖后先徘徊了一阵，接着一起调头向北方前进。

再一个实验是：当乌云蔽日时，将企鹅放走，它们似乎拿不定主意，在原地兜圈子；但是当早晨6点钟把企鹅放走时，它们会全体面向右边的太阳，因为那儿是正北方。12点过后，太阳渐渐移到它们左边，它们却不受影响，仍然面向北方。

为什么企鹅总是向北方前进呢？有人认为，从南极大陆通向海洋的方向都是北方，它们每年离开故乡时都是向北方前进，返回故乡时，要调转180度，久而久之形成了一种习惯。

但是，在漫长的旅途中，遇海要游泳、遇冰要步行，更多的时日是面对狂风暴雪……然而，企鹅总能校正方向从不迷路，可以说比飞机的导航仪、远洋轮船的罗盘还要准确。其中的奥秘究竟在哪里，多年来，这仍是个谜。

鸟类"收藏"之谜

园丁鸟可以说是鸟类中最有名的"收藏家"了，它几乎什么东西都收集，这在"鸣禽家族"中我们已经介绍过。

和园丁鸟相仿，乌鸦和喜鹊也有收集的习惯，它们收集的东西多半色彩鲜艳。比如彩色纽扣、线球、金属小片、手绢、钱币等，还有小孩玩具。凡是有漂亮颜色的东西，只要它们搬得动，它们全都得收集。

生活在印度、锡兰的一种乌鸦最喜爱收集色泽鲜艳的磁器、五彩斑斓的螺壳、光滑透亮的石头。

为了得到自己喜欢的东西，有的鸟儿甚至不惜牺牲自己的性命。比如红嘴山鸦。有一天，有人发现红嘴山鸦不顾熊熊烈火，冲向火堆，目的就是为了从火堆中叼出火红的煤块。煤块是叼出来了，可它身上的毛也被烧掉了不少，但它却仍然开心得不得了，丝毫不顾及身上的烫伤。

还有的鸟儿为达到自己收藏的目的，几乎不择手段。还是以生活在印度、锡兰的那种乌鸦为例。它有时看到人的包裹都以为是好东西，而用嘴啄开包裹物，看看里面的东西是否合它的意，如果是闪光的纽扣、硬币之类，它可高兴了，二话不说，叼了就飞。

和园丁鸟一样，大多数鸟儿收集小玩意儿就是为了讨得异性的欢心，它们用这些东西来显示自己的富有。

鸵鸟 "头埋沙中" 之谜

人们都相信一个错误的认识：鸵鸟遇到敌害不是逃跑，而是把头深深地埋进沙土里，它的长脖子、大身体、两条长腿仍然暴露在猛兽面前。鸵鸟以为自己什么也看不见，"别人"也就看不见它。

于是，人们就以"鸵鸟政策"的说法。所谓"鸵鸟政策"，实际上就是那些不愿正视危险自欺欺人的做法。

事实上，这是一种误传，鸵鸟从来没有这种习惯。如果它每次遇到危险，就把头埋起来，那么，它如何能够生存下来呢？它们岂不是都被猛兽吃光了吗？

鸵鸟在危险面前，基本不退缩，有时，它还会主动出击，赶走敌人。比如有一种猛禽，叫军雕，它能轻而易举地猎取羚羊，但它从来抓不到鸵鸟。每当它企图捕捉小鸵鸟时，大鸵鸟总是毫不客气地进行反击。

有人说，并不把头埋进沙子里，而是把头平放在沙地上，远远看去，它好像是把头埋进了沙子里。有时，它还会把头埋进自己的双翅中。

把头平放在沙地上，是利用沙子来"清洗"身上的寄生虫，或者是为了觅食，或是为了便于听远方的声音，判断远处是否有敌害，或是为了放松一下颈部的肌肉。

它把头埋进自己的双翅中，倒真的是为了躲避敌害。不过，它在躲藏时，并不象有些人所说的那样，只顾头，不顾尾，而是把身体蜷缩起来后，利用沙漠中的强光，使敌人看不到自己。

在炎热的夏季，太阳火辣辣地照着沙地，沙地会产生耀眼刺目的亮光，把人和动物照得眼花缭乱，因而看不清远处的东西。

两米多高的鸵鸟伸长脖子，向四处眺望着，漫不经心地散着步。突然，它看见远处有东西出现，那或是一头猛兽，或是一只狗，或是一个行人，总之，那可能就是"危险"。这时，鸵鸟该怎么办？跑吗？天气太热了，沙漠地带又缺少水源，在阳光下飞速狂奔，滋味一定不好受。不如躲起来，可周围无一可藏之地，往哪儿躲呢？于是，聪明的鸵鸟便低下长长的脖子，把头藏在了双翅中，然后，蜷缩着身子，躲藏在那神奇的亮光下。

有着亮光的保护，远处无论是动物，还是人，都看不见它了。但这只是一种解释，到底是不是如此，仍然需要进一步论证。

蝙蝠的迁徙之谜

有一位著名洞穴学家诺贝尔·卡斯特雷一生勘察过许多岩洞和地道。有一次，他在西班牙勘察时，曾在一个岩洞里发现了灰顶飞狐，遂对它们产生了兴趣。

所有的蝙蝠或多或少都像候鸟一般迁徙，灰顶飞狐的迁徙路程则更为遥远。

雌性灰顶飞狐们每年飞往摩洛哥，栖居于阿特拉斯大山脉的岩洞内越冬。来年春暖花开后，雄性留栖原地，雌性则开始北返，它们沿途在岩洞内宿夜，在休达附近的岩洞度过在非洲旅途的最后一夜后，便飞越直布罗陀海峡进入西班牙境内。

这时它们借宿于山上猴子的洞穴，飞越比利牛斯山脉后，继续向北飞行，最后来到卢瓦尔地区，各自选择中意的洞穴定居下来。不久，它们都做了母亲，开始了养育儿女的工作，夏去秋来，它们又沿原路飞回摩洛哥和雄性相会。它们都倒悬在阿特拉斯山脉的岩洞内的壁顶上，进入冬眠状态。第二年，一切又重新开始。

诺贝尔·卡斯特雷想，这是一种随季节迁徙的蝙蝠。它们能否像候鸟那样返回故土？当人们把它们带往很远的地方后，它们能否"归巢"呢？信鸽有归巢的本领，那么，蝙蝠又是如何表现的呢？人们将拭目以待。

他从洞顶取下12只蝙蝠，全装入藤条箱内，用藤条箱，完全是为了防止蝙蝠因窒息而死亡。然后把箱子搬上他的小汽车，开到火车站后换乘火车。他想在100公里处下车，给它们一一系上环形标志后，全部放飞，他想观察它们是飞回原先栖居的岩洞呢，还是待在原地惊慌失措呢？藤条箱内的蝙蝠一动不动，仿佛死了一般，火车徐徐开动了，蝙蝠还是静止不动。

完全出于偶然，那条铁路从诺贝尔·卡斯特雷捕获蝙蝠的那个岩洞的附近经过。当火车行至距岩洞最近的地方时，箱子里的蝙蝠全醒了过来，它们开始咻咻啼叫，喧闹不已。发生了什么事？卡斯特雷百思不得其解。蝙蝠根本不可能知道火车经过它们栖居的岩洞附近，也不可能知道西班牙火车时刻表。那么是看见外边？可它们全关在箱子里，也许听见了什么？而蒸汽机的隆隆响声掩没了一切，到底是什么原因呢？

假如有人能解开这个谜，那将是对科学的一大贡献。

昆虫扑火之谜

  不知你有没有过这样的体验：夏天的晚上，当你把屋里的灯打开后一会儿，就会有三五成群的小青虫、甲虫，特别是飞蛾朝灯光处飞来。只见它们围绕着灯光团团打转。当把灯关掉后，它们就会自动飞走，重新打开灯后，它们又会飞过来。有的昆虫不小心被撞死或热死，所以有人说："飞蛾扑火，自取死路。"

  昆虫为什么会扑火呢？这是它们普遍存在的趋光性造成的。

  不同种类的昆虫是用不同的方法来辨认方向的。有的昆虫依靠食物的方向；有的昆虫依靠同类个体的气味；有的昆虫依靠湿度、温度；有的昆虫在夜间则是利用光线来辨别方向，这就是它们的趋光性。

  现在，我们以飞蛾为例，看看它们是怎样利用光线来辨别方向的。科学家经过长期观察和实验，发现以飞蛾为代表的趋光性的昆虫，它们都有一个共同的特点，那就是在夜间飞行时，主要以月光来判定方向。

  科学家这样说：飞蛾总是使月光从一个方向投射到它的眼里。当飞蛾在逃避蝙蝠的追逐，或者绕过障碍物转弯以后，它只要再转一个弯，月光仍将从原先的方向射来，它也就找到了方向。这是一种"天文导航"。

  傻乎乎的趋光性飞虫看到某地有灯光时，便以为那也是"月光"，便飞奔而来，预备借此辨别方向。可灯光与月光毕竟相差十万八千里，月亮因为距离地球非常遥远，飞蛾只要保持同月亮的固定角度，就可以使自己朝一定方向飞行。飞蛾飞到灯光面前后，也本能地想使自己同光源保持着固定的角度，但灯光离它太近了，于是，它只能绕着灯光团团转，最后要么被烧死，要么活活累死。

◎ 天鸟行空 ◎

　　天鸟行空曾使人类无限感叹和羡慕，而自由飞翔于蓝天的鸟类却是由地上的爬行动物进化而成的。

　　虽说"天高任鸟飞"，但鸟类仍然离不开陆地。它们是人类的朋友，我们理应给它们留一块绿地……

从地上爬到天上飞

我们所认识的鸟类，它们的共同特征就是有羽毛、有双翼，会高飞。当然，其中有些鸟，如鸵鸟的翅膀已经退化，失去了飞行的能力。另外，和我们人一样，它们也属热血动物。

目前公认鸟类是亿万年前从爬行动物演化而来的，因而，鸟类与爬行动物有着许多相似的特征。比如，它们的皮肤都缺乏腺体，比较干燥，不会出汗；鸟类身上的羽毛和爬行动物身上的鳞片，都是由表皮细胞角质化而产生的。

它们都具有单一的枕骨髁，这个枕骨髁与脊柱相连，因而，它们的头部十分灵活，不仅能向前、向左右看，而且还能向后看。

有些爬行动物和鸟类一样，有与肺相通的气囊；它们的肾脏都是后肾；它们的嘴都有角质鞘；它们的生殖特点也一样，都为卵生，都是体内受精，卵的卵裂都呈盘状，在胚胎发育中都有浆膜和羊膜，并以尿囊为胚胎的呼吸器官。

从这些方面看，鸟类与爬行动物有着非常相近的亲缘关系。可以说，爬行动物是鸟类的祖先，鸟类从爬行动物中演化而来。因而，有人称鸟类是"美化了的爬行动物"。

那么，鸟类究竟是从哪一类爬行动物演化而来的呢？目前公认的说法是从爬行动物的主干初龙类中的原始槽齿类演化而来。这是因为槽齿类爬行动物的某些特征与鸟类非常接近。比如，它有长形鳞片，前肢像翅膀那样能离地伸展而帮助行走，后来鳞片变成了羽毛。它们由奔跑、跳跃转变成短距离的滑翔，最后变成飞行。

早期的鸟类如何由在地上爬的动物逐渐演变成会飞的动物的呢？关于这个问题，目前有两种说法：

第一种是"树栖起源假说"。持这种观点的人认为原始鸟类由树栖爬行动物演化而来,它们主要生活在树上,依靠带羽毛的前肢,过着攀缘生活。由于经常在树林和树林之间、树林和地面之间来回跳跃而逐渐过渡到了短距离地滑翔。又由于长期的滑翔使双翅不断得到强化,胸肌逐渐发达。为了适应滑翔,它们的骨质减轻。如此又经过长期的进化,它们逐渐由滑翔过渡到了飞翔。

第二种是"奔跑起源假说"。持这种观点的人认为原始鸟类是双足奔跑的动物,它们在奔跑时,为使速度增快,便不停地振动带有羽毛的前肢。前肢的这种不断动作,逐渐变成了双翼,这就是翼的起源。另外,在奔跑时,它们尾部两侧的鳞片也逐渐变成了尾羽,最终由奔跑过渡到了飞翔。

这两种说法虽然都各有一定的说服力,但由于均没有经过直接的考古证明,故而只能归于推断和假说。

鸟类的羽毛重量很轻,质地柔软,经久耐用,具有极佳的保暖作用,是一种精良的绝缘材料。鸟类翅膀上的羽毛起着帮助飞行的作用。据研究,组成羽毛的物质与组成我们人类毛发的物质基本相同。

鸟的祖先"始祖鸟"

　　始祖鸟，意即"羽翼之始"，它是目前已知的最早的鸟，大约生活在一亿四千万年前的侏罗纪。

　　从1861年起到1973年，在德国巴伐利亚省的索伦霍芬石灰岩中，科学家找到了5件始祖鸟的化石。

　　根据发掘的化石得知，始祖鸟的两颚有牙的头部，很像爬行类动物的典型蜥蜴，它的前肢掌骨分离，细长的尾巴由许多可动脊椎组成，肋骨没有钩状突，指端有爪，这些特征与爬行动物极为相似，因而可以断定鸟类是由爬行动物演变而来。

　　由于始祖鸟的身上有羽毛，有翼，骨盆为开放型，后足有4趾，故而它已不能算是真正的爬行动物，而是逐渐进化为了鸟。

　　从始祖鸟的外形可以判断，它并不善长飞行，只是在逃避敌害时而不得不勉强飞行。说飞行其实也很牵强，主要还是利用尾巴滑翔。不用飞行的时候，它靠一支粗壮的脚在地上行走，同时利用有爪的翼指攀缘。

　　始祖鸟有一只长的后肢，奔跑时呈半直立状，并用长尾巴来保持身体平衡。

　　始祖鸟和小鸡差不多大小，是现在所知的唯一可代表"古鸟亚纲"的种类。

鸟类吃什么

在美洲的热带森林里，大群蚂蚁浩浩荡荡地出去觅食，这时往往可以看到有一种鸟儿跟着它们。蚁队经过之处，昆虫被它们从巢里赶了出来，鸟儿就坐享其成地捕食昆虫。这种鸟被称为"蚁鸟"。

世界上最小的蜂鸟比蜜蜂大不了多少，可是它的食量却大得惊人。人如果要是有它那样的食量，那么一个体重为85千克的大汉，一天要吃140千克的食物。

菲律宾的密林里有种食猴鹰，它双翅展开后达3米。它常常在低空盘旋，一发现猴子就疾冲而下，先啄去猴眼，然后将它啄死并吃掉它。

鸟类中有不少是贪食的：绯椋鸟一顿早餐就要吃掉50～60只蝗虫。小小的戴胜鸟喜欢吃蚁卵，一天之内能吃下1000个蚁卵。

鸟类雏鸟的食欲非常强烈。椋鸟的雏鸟在17个小时内被大鸟喂198次；白腰毛脚燕在18个小时内喂295次；大山雀在18小时内喂332次。所以雏鸟长得特别快，有些雏鸟两三天体重就增加了1倍多。

蛇颈鹭鸶喜欢吃鱼。它捉住鱼后，一定要先吞鱼头，以免鱼刺鲠喉。它用喙夹住鱼身后，头一甩，将鱼儿向上抛起，落下时如果鱼头对准喉咙，便吞下，否则，再来一次……直至对准为止。

非洲鹳是最讲究饮食卫生的鸟儿。它很喜欢吃屎壳螂。但由于屎壳螂是吃粪便的，故而非洲鹳有些嫌屎壳螂脏。它每次吃食前，都用长喙把屎壳螂逐个衔到预定的水洼里，然后慢慢地洗涤。有人看到它花了45分钟来洗那些粘上粪便的屎壳螂。所以有人称它们是"吹毛求疵的绅士"。

埃及宽嘴鸟的模样虽然难看，但却是一种非常罕见的鸟儿。它的脚虽长，走起来却很慢。它最爱吃鱼，一看到鱼，嘴巴就会一张一合，并发出悦耳的响声，似乎是在炫耀自己口福不浅。

神奇的"百鸟大会"

所谓"鸟会",就是鸟儿聚集"开会"。我国有不少地方都出现过鸟会,比如滇东北永善县的五莲峰,宜良县的可保村,富宁县的鸟王山等地都有鸟会。最著名的鸟会要数云南省的"鸟吊山鸟会"、"瑶家寨鸟会"、"龙庆关鸟会"。

云南大理白族自治州洱源县附近,有一座山,名字叫"鸟吊山"。

每年阴历九月,只要是没有月亮的夜晚,如果在山顶点燃起堆堆篝火,必将引来成千上万只的鸟儿前来聚会。主要有山鸟、布谷鸟、翠鸟、鸳鸯、鹦鹉、黄鸭、水葫芦等。其中最大的鸟儿是一种被当地人称为"领腰鸟"的鸟,它大如小山羊;最小的鸟叫"直聘子",它小如蝴蝶。

鸟儿们飞来后,聚集在篝火旁,开始鸣叫、振翅,然后跳起了"群舞"。只见它们有的急飞;有的盘旋;有的爬高上低,总之,热闹非凡。最可笑的是,它们还争先恐后地往围观百姓的衣袖里、裤筒里钻,而有的则安静地停在某人的肩头,"笑眯眯"地观望着面前一派喧嚣的景象。这时的鸟吊山,成了名副其实的鸟的天堂。

除了鸟吊山,在云南墨江哈尼族自治县坝溜公社的瑶家寨,每年七月底到八月初,也会有一次鸟会。

这时的瑶家寨气候由暖变凉,早晚浓雾弥漫。一个飘着蒙蒙细雨之夜,首先有一大群雁"咕咕咕"地叫着从人们不知道的、遥远的地方飞来。它们可以说是参加鸟会的第一批"客人"。紧接着,野鸭、箐鸡、白鹇、斑鸠、白头翁、小画眉、钟情鸟等等,各种各样的能叫出名字的和无法叫出名字的鸟儿,纷纷从四面八方涌来瑶家寨。

片刻工夫,整个瑶家寨已经成了鸟儿的天下。这时,它们会一齐扑向燃着篝火的地方,在篝火旁嬉戏、鸣叫。如果有人想捉鸟,这可是个大好机会,只要用心,一个晚上能捕捉到上百只。

据一位年逾古稀的瑶族老人回忆：几十年前，来赶鸟会的鸟特别多，有时还飞进瑶家寨的茅屋，撵都撵不走。现在来聚会的鸟儿数量已大幅度下降，但是每年的鸟会仍然存在。

在云南弥渡和巍山两县交界的崇山峻岭中，有个地方叫"龙庆关"。这里也和鸟吊山和瑶家寨一样，每年都有一次盛大的鸟会。

鸟会发生的时间也是在阴历八九月间，发生的条件也与前两者相仿，即没有月亮，且浓雾弥漫的夜晚，这时空气潮湿，气压较低。

最先前来赶会的是雀鸟，不久，人们便听到百鸟齐鸣。他们知道每年一度的鸟会又开始了，于是便燃起篝火，欢迎鸟儿的来到。

鸟儿看见篝火，更加兴奋，鸣声更加激越，一派欢腾热闹的景象。

然而，在这些令人激动难忘的情景中，存在着许多让人百思不得其解的疑团：

鸟吊山周围树木稀少，根本不适合鸟儿的栖息。按道理，鸟儿们是不会喜欢这个几乎是光秃秃的山头的。为什么它们会千里迢迢地从四面八方向这里聚集呢？

为什么只有在山上有云雾，而又没有月亮的夜晚，燃起篝火后，鸟儿才会来聚会，而山上没有云雾又皓月当空时，无论篝火如何熊熊，它们也不会来呢？

这些鸟儿都是从哪儿飞来的呢？它们来参加鸟会的目的是什么呢？这些问题目前都还是个谜。

高空抛骨的碎骨鹰

在荒山野地，有一堆腐尸烂肉，天空飞来一群鹰，它们争先恐后地扑过去啄食。有一只鹰却例外，它小心翼翼地与争食者保持着一段距离，默默地看着。那群鹰吃完了腐肉，心满意足而去。这只鹰这才过去，不慌不忙地啃吃着那些白骨。这只鹰为什么和其它鹰不一样？原来，它就是西班牙濒临绝灭的碎骨鹰。

碎骨鹰翼尖而修长，体重6千克，身长1.5米，双翼平展后的长度将近3米，尾巴像楔子，长达60厘米。与别的鹰不同的是，它能长时间地飞行，甚至在别的鹰还不能飞行的凌晨，它就开始飞了。它可以一天都在飞行，从不感到累。它可以在冰天雪地里飞翔，可以在空中翱翔，也可以在海拔七八千米的高空飞翔。

碎骨鹰之所以有这样一个名字，那是因为它的食物以骨头为主，它会将骨头打碎，那么，它是如何打碎骨头的呢？据研究，每只鹰有几个"碎骨工厂"，工厂里有许多石头，这些石头被碎骨鹰们整齐地排成一条直线。当它们叼着骨头回到"工厂"后，就飞到离石头约100多米的高空，将骨头投在石块上。骨头撞在石块上，顿时碎成数块。

有时，碎骨鹰也去捉些活的小动物，当它捉到它们后，也是按照碎骨的方法，叼着动物飞到高空，然后看准地上的一块石头，将动物从高空抛下。一般情况下，这些小动物顿时会被摔昏过去，或者当场摔死，这时，碎骨鹰再来慢慢享用。

早些年，碎骨鹰遍布欧洲各地，主要集中在西班牙。但目前据统计，碎骨鹰只剩下不到80只，这是什么原因呢？当地的牧羊人认为碎骨鹰经常袭击羊群，因而大量捕杀碎骨鹰。

为了挽救濒临绝灭的碎骨鹰，欧洲许多国家都制定了相应措施，比如禁止滥捕滥杀碎骨鹰，同时人工饲养碎骨鹰。经过几年的努力，收效显著。

南美洲的大兀鹰

早在2000年前，在南美洲的印第安土著人制作的土布上，经常可以看到正在翔翔着的大兀鹰的图案。那时，大兀鹰是秘鲁南部库斯科印第安人心目中的"英雄"，后来，它又成为他们复仇的精神寄托。

大兀鹰又名"秃鹰"、"秃鹫"、"美洲神鹰"。说它是安第斯山麓中的百鸟之王，是因为它是生活在那一带的猛禽类中个子最大的，它一般长1.5米，两翼展开后，长度足有3米以上，体重约在10千克左右，可以算得上是"庞然大物"了。

与一般鹰类不同，大兀鹰在空中飞行时，很少扇动翅膀，而总是伸平双翅，很平稳地在空中盘旋着。据说，在通常情况下，它每一秒钟只扇动一次翅膀，而世界上最小的鸟蜂鸟每秒钟要扇动翅膀近90次。

大兀鹰主要生活在南美洲智利、秘鲁一带的安第斯山悬崖峭壁之上，以及海拔在3000米以上的高原地带。所以说，大兀鹰是少见的喜欢在高空飞行的鸟类。据说，有的大兀鹰能在7500米以上的高空飞行。当它需要休息时，常挺立在绝壁险石上。

大兀鹰最爱吃的东西不是活蹦乱跳的活物，而是各种动物已经腐烂的尸体。它们特别爱吃死去的骆马和羊驼，每次遇见死骆马或死羊驼，它们总是你争我抢。

有人说，大兀鹰是长得最难看的一种鸟，雄的大兀鹰长着鲜红的肉冠，喉部有肉垂，瘦长的颈项下部有一圈白色的柔软羽毛，像套了一个银环一样。它的头和颈部裸露，没有一点儿的杂毛。据说这是为了便于将光秃秃的脑袋伸进腐尸去啃食时，不致于将脏物沾在毛上。

当一时找不到腐尸时，大兀鹰就去袭击牛、羊、鹿和其它畜类，有时甚至敢和美洲狮、美洲虎一拼，目的是想从它们的嘴里抢夺食物。

大兀鹰的繁殖期在每年的年底，雄、雌大兀鹰交配后，雌大兀鹰便纷纷飞赴山地和海岸的悬岸上，在那里产卵。它们一般每次产下两只卵，卵是白色的。

　　孵卵的任务一般由雌大兀鹰完成，孵化期近60天。刚出壳的大兀鹰有一身灰色的羽毛，它刚出生的那段时间，完全由父母照顾，当它长到半岁时，就能离巢自己谋生。

能歌善舞的勺鸡

在山西历山国家级自然保护区山地森林地带，常年居住着一种俗称角鸡、松鸡的雉类，它的学名应该叫做勺鸡。

勺鸡能歌善舞，其歌声婉转动听富有韵律，令人赏心悦耳。远听其歌声近似"Ah! croa——ak, croaak——cmaak, crok"，歌唱时，这些勺鸡昂首引颈，上下嘴喙不停扇动，如同打拍一样，且不时竖起颈羽，或翘起尾巴，载歌载舞，音妙形美。

你若仔细聆听勺鸡的歌声，就不难发现其歌声能够反映出不同的情感和内容：突然群飞尖叫，表示天敌临头，招呼同伴赶快逃跑；双双并肩齐鸣，意味着成双配对，相亲相爱；独自边鸣边飞，表示未曾婚配，求偶心切；鸣声杂乱，奇声怪音，表示同伙打群架、越打越烈。

勺鸡由于打起群架来没完没了，规模很大，且音传四方，每次总是直到招来金雕扑捉，冲散了打群鸡架的原貌，打群架才宣布告终。

除此之外，还有追逐鸣、梳妆鸣、争食鸣、惊险鸣、求偶鸣、交尾鸣、饮水鸣、警卫鸣、接吻鸣、觅食鸣、嬉戏鸣……

其中求偶鸣音妙貌优，为勺鸡杰出的表演。

除了鸣音外，勺鸡的舞姿更是引人入胜，跳时，勺鸡或在地面上跳跃，或在树枝上伸展两翼，或在林间巨石上缩颈闭目，翘尾展示"孔雀开屏"的优美姿态。

"鸡大王"和鸡的顺位制

　　如果在母鸡群中放入10只公鸡，刚开始这些雄鸡之间必然要伸脖瞪眼，不停地争斗，打得尘土飞扬，胜了的又去向另一只挑战，败者也不甘心，又找上新的对手……渐渐地，争斗越来越少，往往一方赶来啄而另一方不是躲开就是低下头任你来啄，一句话"认输了"。

　　至此，雄鸡间就形成了一定顺序：九战全胜者为王，坐第一把交椅，仅输给王而战胜其它8只者居第二位，依此类推直到每战皆败者为最后一位。其中可能也会有几只，譬如3只战绩相等，而且互为胜负，即A胜B，B胜C，C又胜A，这几只因为地位相同彼此总不服气，所以鸡场中平时斗架的往往是这几只。遇到食物当然是以顺位先后来取：上位的先吃、中位次之、下位的最后。取到食物机会多，以食物为诱饵，引诱母鸡前来就食，趁机"踩蛋"交配的次数也就增多。

　　公鸡是好斗的，胜利的公鸡成了鸡群中的"大王"，失败者就只能到处逃窜了。

　　母鸡之间呢，也不能和平共处；它们的地位是在抢食的时候，最凶最狠的往往是母鸡群的"霸主"。用餐时，它一看到同类，马上就会跳过去猛啄它们，吓得它们四处逃窜。同样，其它的母鸡也依样画葫芦，老二欺老三，老三欺老四……而最弱的则成了鸡群中的可怜虫，鸡群觅食时，它只能胆战心惊地远远躲着，不敢公开露面。

鸽子的"飞行气囊"

鸽子具有比它的祖先原鸽更为发达的气囊，鸽靠翅膀在空中飞行时，气囊可以增加浮力，调节飞行高速。鸽子如果没有高度发达的气囊，就不可能从远处迅速飞归。

鸽子气囊像微泡海绵般地分布在内脏器官、皮肤和肌肉之间，骨头的空腔里，共有9个。

气囊的作用首先是辅助呼吸。当鸽子飞行时，约四分之一的空气进入肺内进行气体的交换；约四分之三的空气通过肺部直接进入气囊。

当鸽子呼吸时，肺内的二氧化碳气体排出体外，同时贮存在气囊中的新鲜空气，也经过肺脏而呼出。

当新鲜空气经过脏肺时，进行了一次气体交换，一呼一吸；两次空气进入肺脏，这就是鸟类所特有的所谓双重呼吸。

鸽子在飞翔中所消耗的氧气，是栖息时20多倍，发达的气囊可以贮存大量的空气，使鸽子在飞翔中有足够的氧气供应。

气囊还能起到散热降温的作用。鸽子飞行需氧量大，呼吸旺盛，心脏跳动特别快，动脉血和静脉血一点儿也不混合，因此血液输送氧气的能力很强，体内产生的热量也就极多。

鸽子是恒温动物，又没有汗腺，长距离剧烈的飞行运动产生的热量，是靠气囊中川流不息的冷空气来调降的，也就起到了散热器的作用，这是鸽子的体内"空调"。

气囊能起到减轻体重的作用。鸽子气囊的体积比肺大，又分布在体腔的各个器官和骨的空腔里，从而大大地减轻了它本身飞行的体重，并起到平衡飞行的作用，也减少肌肉和内脏之间的摩擦，这时，气囊又起到了"防震器"的作用。

人们经解剖发现，凡参加过中、远程比赛的归巢鸽的气囊，明显地比观赏鸽和肉鸽发达。经过驯飞的鸽子明显发达于未经过驯飞和从小关在棚内的鸽子。

　　人们将千公里归巢而又具有速度的鸽子留下来，具有发达的气囊的鸽子于是就通过遗传，保留到下一代。

我国的珍禽丹顶鹤

丹顶鹤属于鹤形目鹤科，是我国稀有珍属。

古时候，人们常把丹顶鹤当作神仙的伴侣或神仙的坐骑，"仙鹤"之名便由此而来。

丹顶鹤身体高大，直立时1.3米有余，素以"三长"而著称，即腿长、脖子长、嘴巴长。全身几乎都是雪白的，头顶裸出部分为朱红色，看起来好象是一顶红帽子，所以才有"丹顶鹤"之称。喉、颊、颈部呈暗褐色，两翅中间长而弯曲的飞羽都是黑色的，整个盖在尾羽上，因而常被人们误认为丹顶鹤的有一个黑色的尾巴。

丹顶鹤飞行时，头向前探，脚往后伸直，鼓翼缓慢。当鹤群长距离飞行时，常常排成"V"或"Y"等形。远远望去，飘飘然呈现出一副轻逸而潇洒的风姿。

丹顶鹤在繁殖期间，雌雄成双，亲密相处，一同觅食，或成对地站立在浅滩上。它们的"爱情专一，很守贞洁"。如果一只死亡，另一只也不再择偶配对。站立时总是高高立起身体，伸长脖子四下张望，常常站立许久。在此期间，雌雄常常对鸣，此唱彼和，经久不息，鸣声高亢响亮。因为它们的鸣管很长，并在胸部弯曲着像喇叭一样。它们的鸣叫声，可以传到1公里以外。

丹顶鹤是我国特产鸟类，寿命长达50～60年，人们把它与松柏并列，称"松鹤延年"而作为长寿的象征。我国自古以来就有不少文学作品和美术作品以鹤为主题，称颂它的优美、飘逸、长寿、高雅。也常有以鹤为珍贵礼品馈赠别人。

丹顶鹤举止温顺而高雅，为人们所欣赏。因而我国自古以来多喜欢饲养它。幼鹤容易饲养，随着时间的推移丹顶鹤长大、成熟后便能和主人建立起深厚的感情。

丹顶鹤每年4～5月间迁至我国东北，生活于芦苇及其它荒草的沼泽地带。夜间多栖息于四周环水的浅滩上。每当朝夕，丹顶鹤常成对出来觅食，以鱼类、乌拉草及芦苇等的幼芽，有时也到农田去食种子，有时也食软体动物。夏季常在草丛中捕食蝗虫等。

丹顶鹤巢多在周围环水的浅滩上，密布着高约1米的枯草丛中。产卵后即孵，雌雄鸟轮孵，雄鸟主要在白天，雌鸟则在夜间。孵化期为1个月左右。

幼雏大多于5月下旬孵出，出壳后即能蹒跚步行。如不惊动，它们很少离巢远去。经4～5天后，即能随亲鸟离巢漫游于浅滩或浅水中，觅食鱼类、蝌蚪、昆虫和各种嫩芽等。幼鹤发育很快，至9月下旬，体型即可接近成鸟。此时，幼鸟已能独立取食；但在一般的情况，仍不远离亲鸟。

丹顶鹤分布在我国东北中部，黑龙江西部，如泰康、龙江、甘南、泰来等地繁殖。河北（罕见旅鸟）；江西、江苏、山东（冬候鸟）；台湾（12月），部分种群秋季飞往日本过冬。

海鸟的飞翔能力

海鸟由于长年在浩瀚无边的海洋上空飞行，无法停留，客观上使它们练就了一身惊人的飞行能力。

唐代有诗曰："白鸥没浩荡，万里谁能驯"，就是形容海鸟高超的飞翔能力的。

南极的雨海燕，只有白鸽般大小，却不畏严寒和风暴，能够迎着每小时60海里的狂风飞行。

有一种北极燕鸥，它在北极繁殖，到冬季又要迁徙到南极圈。你想这段路程是多么遥远啊。据估算，它们得飞行近2万海里。

生活在北冰洋沿岸的一种鹬，每到冬季，它都要万里迢迢远渡重洋飞到非洲去过冬，这段路程，它得飞上万余公里。

南极贼鸥每年都要往返南、北极之间，行程足有4万余公里，每次飞行，都要花上近3个月。所以说，在海鸟中飞行距离最远的就要算是贼鸥了。

信天翁最善于利用气流在空中滑翔，被人称为"滑翔能手"。

不过，有一种海鸟完全没有飞行能力，那就是企鹅。企鹅的双翅已经退化，故而它不能飞翔，但它是游泳及潜水能手。

猫头鹰是远视眼

历来人们对猫头鹰都有种种非议，然而大多与事实不符。据鸟类学家考察：猫头鹰既非智慧动物，也非猛禽；既非不吉祥的神秘动物，白天也绝非瞎子，而是一种有利于人类的益鸟。

猫头鹰的眼球是固定在眼眶内的，不能像人类与其它动物的眼球那样灵活地转动。猫头鹰想注视某个物体，就得将自己的头部朝目标扭过去；作为对眼球呆滞不动的补偿，猫头鹰有像铰链一般灵活自如的颈部，能使头部作270度的转动。

绝大多数动物的眼球是圆球状的，猫头鹰却与众不同，略呈椭圆状。几种习惯过夜生活的猫头鹰，眼球后壁视网膜上的感光视杆细胞，要比长于白天活动的猫头鹰多得多。不过，所有的猫头鹰都是色盲——无色觉细胞。猫头鹰白天的视力也很出色，并不怕光。此外，生活在北极冻土带的猫头鹰，必须在夏天太阳尚未完全下山前猎食。

平时我们穿针引线时，会将针线凑近鼻尖，以便看得真切些，此时，我们的两只眼球顺鼻梁下视，眼球就会出现"内斜视"。但猫头鹰凝视在它脚下爬行的甲虫时，却不会出现"内斜视"现象。猫头鹰是远视眼，它们在注视很近的物体时，反而不甚清楚。为了看清眼前的某一物体，它们就会往后跳开，与目标保持一定的距离。

因此，猫头鹰父母在给孩子喂食时，会可笑地闭上眼睛，仅仅依靠长在鸟嘴基部周围的刚毛（或称触须）的感觉来确定喂食动作是否协调。

与鹰、隼等猛禽不同的是，刚破壳而出的雏猫头鹰既瞎又聋，要过好几天才睁开眼睛。因此，与其说猫头鹰是猛禽，还不如将它们纳入夜鹰类更为贴切。

猫头鹰的行为显得比较僵化和下意识，不如鹅、寒鸦和乌鸦那样灵活、机敏。

　　在大多数情况下，猫头鹰并不费尽心机为自己营巢，而是满足于在崖壁的突出部位或某个石壁龛里草草安家。美洲的耳鸮和草鸮甚至会将蛋产在地下深处或土拨鼠的洞穴里。通常，仅由雌猫头鹰独自负责孵蛋，除非雏猫头鹰出壳后丈夫才会来帮助它们。

蜜蜂般大的蜂鸟

之所以称这种鸟为"蜂鸟"，除了它像蜜蜂一样喜欢采食花蜜外，它身体的大小和蜜蜂差不多，但蜜蜂属昆虫类，而蜂鸟则属鸟类。

蜂鸟主要产于南美洲，全世界共有蜂鸟650多种，其中以特立尼达和多巴哥的蜂鸟最负盛名。"特立尼达"的原意就是蜂鸟。

在所有的蜂鸟家族中，最小的一种叫作"闪绿蜂鸟"。它小到什么程度呢？据说20只蜂鸟加在一起才相当于麻雀一般大，它体长只有2～5厘米。以5厘米长的蜂鸟为例，如果剪去它那张长嘴和长尾巴外，它的实际身体长度只有不到2厘米，体重仅有2克左右。

我们都知道世界上最大的鸟应该是鸵鸟，如果拿一只最大的鸵鸟和一只最小的蜂鸟相比，那么，75000多只蜂鸟才相当于一只鸵鸟。

本身就小得可怜的蜂鸟产下的卵更是小得快要找不到了，据说它的巢相当于一枚胡桃大小，卵的大小和一粒豌豆差不多大，重量仅有0.5克。既然蜂鸟是世界上最小的鸟，那么它的卵也就是世界上最小的鸟蛋了。

蜂鸟的身体虽小，但双翅却很有力，它每分钟可振翅60多次，最高可达90次，因而被认为是世界上鼓翅最快的鸟。由于双翅的强而有力，故而它的飞行速度比较快，每秒钟可飞50余米。

传说我国也有蜂鸟，主要分布于广东、广西、福建、云南和台湾，其中以"朱背啄花鸟"和"红腹啄花鸟"最为有名。其实这是误传，蜂鸟属雨燕目、蜂鸟科，而啄花鸟属啄花鸟科。我国不属于蜂鸟的分布区，因而没有蜂鸟。

"天鸟"、"地鸟" 和 "水鸟"

我们都知道，鸟用鼓动双翼的强力来飞行。我们可以将会飞行的鸟类分为两种：一种是起步快，速度快，但只能作短距离飞行；另一种则是很有耐力，能支持长途飞行。

像鸡一样的鸟都属于地鸟，它们的飞行肌肉是白色的，虽然收缩得很快，但由于肉内血管不多，未能充分供应氧气及其它燃料给肌肉纤维，因此不能长久支持飞行动作。严格来说，地鸟只不过是利用飞行作为一种逃生方法，很多地鸟在被迫急飞几次后，就会疲倦不堪，突然倒地，这时，猎人一伸手就能捉到。

与地鸟相反的，就是强力飞行者，例如白鹭等。它们的红色飞行肌肉，布有充分的血管，所以不容易疲倦。在拍动双翼时，飞行肌肉会产生大量的热并加速新陈代谢作用。但这些热量全被呼吸系统自动调节而消失得无影无踪。要不然，它们会因为这些热量而热死。

白鹭是强壮的飞行者，它起飞时将长而重的颈伸长，一旦飞上高空，颈就会缩回成S形，双腿伸直在后作为平衡。因为白鹭的大翼比其它鸟的小翼更有效率，所以它只需每秒钟拍翼两次。世界上最小的蜂鸟，它在飞行时每秒钟要拍翼数十次。

涉禽中的金鸻不但能长途飞行，而且能以每小时90公里的速度连续飞行35小时不停。有的亚种可连续飞行3500公里，甚至高达4000公里以上。

一般小鸟的飞行高度低于100米，鸽子的飞行高度是400米。涉禽一般都能飞到千米以上，比如鹳类多在1000米高空飞行，而鹤则能飞到4000米的高空。

鹳的身体构造和大多数鸟类相比，并无太大区别，也都是由头、身体、双腿、双翼组成。

它的头上自然有脑子、眼睛、嘴巴。和所有候鸟一样，鹳的脑里似乎有一张天象图，这张图帮助它们在迁徙中找到自身的方向。它的嘴尖而长，而且很直。大多数鹳的嘴呈红色，作用自然是用来捕食鱼类、青蛙和昆虫等食物。有的鹳的嘴巴还会发出"卡嗒卡嗒"的很具特色的声音。鹳的眼睛也和一般候鸟眼睛一样，有很好的视力，视网膜上有一个特殊的器官，可以辨别太阳的方向。

从头至下，鹳有长脖子，腹中有肺、心脏、肝、肠，还有肋骨、肱骨、尺骨、龙骨、骨盆等，当然也有生殖腺。卵巢是雌鹳的生殖器官，不同于大和脊椎动物，雌鹳仅在身体左侧长着一个卵巢，这恐怕就是它们体重较轻的原因之一。由于鹳是候鸟，每年的迁徙需要飞很长的路途，故而它的皮下脂肪很厚。在长途飞行中，这厚厚的脂肪能为它提供足够的热量。

鹳的腿和其它涉禽一样，很长很细，这适合它们在河、湖、沼泽及潮湿地区涉水而行。

鸟类最重要的器官就是羽毛和翅膀，翅膀能助它们飞翔。鹳是鸟类的一种，自然也有羽毛和翅膀。有人称鹳是"最有耐力的飞行家"，故而它的翅膀长而宽。

白鹭的羽毛

白鹭是鹭类的一种，它最大的特点就是有一身洁白如雪的羽毛，因而被人誉为"雪客"。到了繁殖期，它的背部和胸前还会生出疏松的蓑羽，背上的蓑羽很长，是两条狭长而柔软的矛状羽毛，像丝一样，长达10余厘米，轻飘飘地垂下来，像少女的两条长辫子。当它迎风跑动或飞行时，小辫随风飘动，轻柔飘逸，煞是动人。

印度盛行饲养白鹭，目的是为了采集美丽的蓑羽。蓑羽是极好的装饰品，是妇女用来装饰帽子的最佳饰品。因而蓑羽在国际市场上颇受欢迎。

对于白鹭的白羽毛，曾经有不少人提出过这样的疑问：它终年为生活忙碌，不停地四处觅食，沼泽、湖畔，甚至草丛到处都有它的身影，可它的羽毛为什么始终那么白？莫非白鹭特别爱干净，它总是很小心地保护羽毛，不让羽毛沾污？

白鹭再漂亮美丽，它终究是动物，无论如何也不会像人一样懂得爱干净。它并非知道要躲避脏物，也从来不论清水、脏水就涉水觅食，更不会经常洗澡，让清水冲刷掉身上的污物。

至于为什么它的羽毛始终洁白，目前有两种说法，一种说法是它浑身涂有自制的"洁身粉"。白鹭身上有一种特殊的羽毛叫"粉翮"，洁身粉就是靠它分泌出来的。粉翮不停地分泌洁身粉，洁身粉又不停地脱落，它在脱落时就把沾在白鹭羽毛的脏物带走了。由于洁身粉分泌、脱落得比较频繁，故而我们看到的白鹭永远是洁白干净的。

另一种说法是它的羽毛上有一种特殊的保护物质，当它们的羽毛损伤时，只要一摩擦，羽毛上就会产生很多白色粉沫，使它们的羽毛不论是在泥水里或是草堆里，都是洁白如雪。

◎地上众生◎

　　亿万年前，当海水退去，陆地出现之后，海中的原始动物也开始登陆。经过千万年的进化，被人类称为"野兽"的哺乳动物便成为陆地的主宰，人类也由此产生。

　　野兽是地球上进化得最完美的动物群类之一，与人类生活的关系也最为密切。人类与野兽"分手"之后，仍然从它们身上学到很多有益的东西……

长有"第五只手"的悬猴

　　悬猴都有一根能缠绕，卷曲的尾巴，这根尾巴既有平衡身体的作用，又有抓拽食物、悬吊躯体的功能。

　　悬猴科主要种类有夜猴、魔猴（狐尾猴）、吼猴、卷尾猴、蜘蛛猴等。其中蜘蛛猴，不仅身体又瘦又小。四肢又长又细，头部又小又圆，而且尾巴也特别细长。据观察，它的尾巴长达80厘米，几乎超过身长10多厘米。尾巴尖端部分毛稀，腹面甚至完全裸露，但是这条尾巴异常敏感，缠绕抓拽能力特别强。它不仅能协助攀缘，而且能紧紧地缠绕在树枝上，像灯笼把身体悬吊空中。其动作之熟练、抓拽之灵巧，在悬猴科中堪称冠军。

　　如果你第一次看到它用尾巴抓拽卷曲食物，一定觉得这不是什么尾巴，而是它的"第五只手"。

　　有人曾亲眼目睹过，蜘蛛猴用这根伸缩自如的尾巴卷起食物送往嘴中或受伤后至死也不掉落的奇异情景，同时也看到过它们利用亚洲长臂猴最善用的那种"臂行法"，从一株树过渡到另一株树，跳过宽达10米以上的惊人距离。说明蜘蛛猴在美洲猿猴中是最善于树栖的一种动物。

　　蜘蛛猴的毛相一般以黑色最多，但是也有褐色的、灰色的，毛粗略似羊毛。特别是它的形体和在树上爬的动作，远望酷似一只蜘蛛，故名蜘蛛猴。

　　蜘蛛猴的家族很兴盛。据不完全统计，仅居住在南美热带森林中的蜘蛛猴就不下10多种，如驳蛛猴、毨蛛猴、褐蛛猴、赤面蛛猴、黑掌蛛猴、黑面蛛猴等。它们广布中、南美洲。其中毛蜘蛛猴孤苦伶仃地在巴西栖居着。这种猴以特有的、浓密的长毛与其它蜘蛛猴相区别。

　　蜘蛛猴虽然过着树栖生活，敏捷而好动，但是它们怕冷和怯弱的习性，却给自己安全带来了不利的因素。因为它怕冷，所以只能出现在热带的环境中。有人曾想通过种种办法来增强其适应环境的能力，但是带来的后果都是：不幸的死亡和夭折。同时它由于缺乏斗争性，所以常常成为其它凶猛之兽的阶下囚和口中肉。

　　蜘蛛猴的食物以果实、浆果为主，同时也吃些昆虫和蠕虫之类的小动物。

狮子王国的王位之争

位于非洲的肯尼亚南部草原，荒无人烟，广袤无垠，是野生动物的乐园，无数动物群体活跃在这里。动物行为学家们曾对其中一个狮群进行了长达4年的考察。这群狮子生活在马拉河畔南北长10公里、宽约4公里的狭长地带，这里有两棵古老的大树，名叫密提姆比里，因此，研究人员将这一狮群命名为密提姆比里狮群。

该"家族"共有成员17名，6岁的雄狮"黑鬃毛"是狮群的首领。它体格强壮，鬃毛下垂，远远望去，犹如太古时代蓄须留胡的圣像。它有两个雄性助手——"姆库巴瓦"和"老头"。母狮有"老姑娘"、"小姑娘"、"诺契"和"莎顿"。此外，还有10只尚未成年的年轻狮子，有的已近3岁，胃口很大，又野又凶，已脱去幼狮那般活泼可爱的样子。密提姆比里狮群是马拉河畔最强大的狮群。在"黑鬃毛"的带领下，它们占据着地理条件优越、食物丰富的地段，不时击退入侵者——多半是其它狮群中既无权又无配偶的雄性单身汉，保卫着自己的领地。

然而有一天，一辆汽车闯入这里，一个手持猎枪的男子从车上跳下来。正在休息的"黑鬃毛"被惊动了，它站起来时全身每一块肌肉都处于紧张状态。它凝神屏息，后腿弯曲，做好了起跳的姿势，准备朝敌手冲去或立即逃遁。尽管马拉野生动物区禁止枪杀狮子，可这位偷猎者却一步步地向狮子逼近。"黑鬃毛"怒吼一声，发出了最后的警告。就在这时，猎人扣动扳机，罪恶的子弹击中了它的胸膛。当了多年首领的"黑鬃毛"痛苦地挣扎着，血如泉涌，带着愤怒和怨恨离开了世界。

"黑鬃毛"死后，它生前的得力助手"姆库巴瓦"（当地语言为大个子的意思），成了最有希望的"接班人"。"姆库巴瓦"年轻凶猛，虽只有4岁，身长已达3米，头上蓬乱的鬃毛也已向上竖起，鼻子上有一条深深的裂痕，这是一次决斗留下的伤痕。

为了夺得王位，"姆库巴瓦"采取了行动。一天，它从林中窜出，嘴里衔着一只已经死去的幼狮，脸上血迹斑斑，这是"黑鬃毛"遗孀"莎顿"的孩子。"姆库巴瓦"把幼狮重重地摔到"莎顿"面前。"莎顿"刚生下两个孩子，面对如此残暴的行径，它是无能为力的。几天后，它的另一个孩子也被"姆库巴瓦"咬死了。

"姆库巴瓦"之所以下此毒手，是因为像它这样年轻的雄狮要登上首领的宝座，首先就要寻找配偶、繁殖后代。一只雄狮孩子越多，它的势力就越大，权力也就越稳固。在狮群中，"老姑娘"已年老体衰，而"莎顿"却较年轻，把它作为妻子最合适。但哺育幼狮的母狮要两年后再发情，"姆库巴瓦"为早日与之成婚，才凶狠地杀死幼狮。然而，"姆库巴瓦"这番心机白费了，它非但没有得到"莎顿"的原谅和同情，反而成了母狮们厌恶的对象。

由此，雄狮"老头"在夺权的角逐中出乎意外地成了幸运者。痛失幼子的"莎顿"很快与"老头"成了亲，并怀了孕。"老头"身经百战，身上伤痕累累，它以光荣的伤痕赢得了其它狮子的尊敬。接替"黑鬃毛"，当上了密提姆比里狮群的新首领。

"姆库巴瓦"没有当上首领，便离开狮群，准备另拉队伍与"老头"分庭抗礼。在草原南部边缘，"姆库巴瓦"结识了单身汉"勃朗多"和"斯卡"。这三只野性十足的雄狮结成一伙，到处惹事生非，挑起事端。

一个伸手不见五指的夜晚，"姆库巴瓦"带着新交的朋友越过边界，向北进军，进入密提姆比里地区。东方露出鱼肚白时，三个偷袭者已神不知、鬼不觉地深入了腹地，见四周毫无动静，便大步向狮群的营地冲去。

就在这天夜里，密提姆比里狮群捕获了一头野牛。"老头"饱餐一顿后正在林中休息，它听见入侵者的吼叫声后，并不急于起身，而是想观察一番再决定对策。"老头"已上了年纪，门牙掉了，原先锐利的犬齿也已发黄变钝，力气也不足，自知难以对付三只年轻的雄狮。但面对强敌，它决心为保卫狮群而再次拼搏。

"勃朗多"来到水坑边，边喝水边向"老头"挑衅。"老头"忍无可忍，越过小丘向"勃朗多"走去。"勃朗多"稍一迟疑，"老头"的前爪已击中了它的腰窝。两只雄狮立即扭成一团，辗转翻滚，互相撕打。

"老头"毕竟是身经百战的老将，它不时做一些假动作，迷惑对方，尔后用爪子进攻。几个回合后，"勃朗多"便乱了套，"老头"乘机咬住了对方的肩膀。在一惊之下，"勃朗多"爆发出巨大的力量，一下子就把身体翻了上来，沉重的躯体死死地压住了"老头"。"老头"渐渐体力不支了。在"勃朗多"的前爪连珠炮似地攻击下，它的左眼被打伤，其他部位也多次受伤，血流如注。"老头"败下阵来，向马拉河畔逃去，路上洒满了它那殷红的鲜血。"老头"对密提姆比里狮群的短期统治，就这样随着战斗失利而告终了。

丛林中的美洲虎

美洲虎是西半球最大的猫科动物，从体型与身上的花斑来看，与豹很相似，令人难以区分。但注意观察就会发现其差异。

美洲虎的环状黑斑中黄棕色斑块内有黑色斑点，而豹身上的斑块中是没有黑色斑点的。此外，美洲虎的体型比豹更粗壮，尾巴也比豹的短。

它们只产在美国西南部、中美与南美，所以在野外是不会把它同豹混淆的。

美洲虎体长1.5～1.8米，尾长70～91厘米，一般体重68～136千克。

美洲虎栖息在茂密树林和丛林地带，有时也在草原上。白天躲起来休息，夜间外出觅食，往往漫游到很远的地方去。雄虎定期在自己的领地内巡防，在暴露处排便，把树上抓出印痕，借以警告其它雄虎不得侵入。有时在同一地区发现既有美洲虎也有美洲狮，似乎它们能"和平共处"。

美洲虎主要猎食水豚、鹿和刺鼠，也吃龟等其它动物。虽然躯体笨重，但爬起树来却很敏捷。在食物短缺时，它还是个"渔夫"，能用爪子把鱼从水中捞出来。

残酷的公狼决斗

　　每年冬末春初之时，处于交配期的狼会形成较大的狼群。这时，常有几十只以至更多的公狼，追逐着发情的母狼。

　　这种狼群往往带有很大的破坏性：这时母狼攻击的哪怕是一只凶猛的公牛，公狼也会立刻冒着被公牛踢死、顶死的危险，一拥而上，把这条公牛撕成碎块。当然，这种现象一般很少发生，因为交配期狼群大都活动在人迹罕至的深山旷野。

　　但是，这样大的狼群保持不了很长时间。在追逐中，一些比较弱小、老迈的公狼，因为敌不过其它壮年公狼的攻击，在死亡威胁的面前，不得不退出这场角逐。只有极少数极其凶狠强壮的公狼才有接近母狼的可能。然而在没有打败所有对手之前，哪一条公狼也没有和母狼交配的机会。于是，一场接一场的激烈战斗在群狼之间展开了。

　　哈萨克猎人巴图尔，有一次曾藏在一棵树上，目睹了最后两只公狼决斗的场面。

　　当时决斗的两只公狼，一只深灰色，长得更雄壮一些，似乎也更年轻一些；另一只浅灰色，不及对手雄壮，年纪也要大一些。只见双方鬣毛直竖，四腿绷直，双眼直瞪对方；那种拼死的劲头，即使最大胆的人看了也禁不住会胆寒。

　　攻击是有来有往的，它们互相撕裂、切割着彼此的肉体。

　　在惨烈的决斗进行中，唯一能保持冷静的是那只被追求的母狼。它是这一决斗的旁观者，不介入战斗，也不表示偏袒任何一方，只是坐在一边，静静地等待着决斗胜利的一方。

　　出人意料的是，这场决斗的胜利者竟是那只不及对手雄壮的浅灰色的狼。

　　开始时，它处于守势，两只前腿都被对手撕开了，浑身浴着血。但它脚步不乱，无论对方从哪个方向冲击，都不能把它推倒在地。

待到对方攻势减弱了，它在追逐中节省下来的力量才全部发挥出来。它开始向敌手进行有力的冲击，战斗的速度一加快，疲惫的一方，便暴露出自己薄弱的部位。

就在那只较大的公狼被冲歪身子，想转身保持平衡时，那只较小的浅灰色的公狼已闪电般地冲过去，一口咬住对手的咽喉部位……

被咬的狼激烈地将头左右甩动，并用前爪抓挠对方，把对方拖出20多米远，企图挣脱对方致命的牙齿。但是，那只经验丰富的浅灰公狼却死死咬住并用牙齿切断对手的喉咙，使之血尽气绝，结束了这场惊心的血战。

只有这只最凶猛、最机智的公狼才有资格与母狼交配。狼的这种自然选择的方法，虽然看起来很残酷，但却合乎科学的道理。

保持狼在遗传中，一代比一代更凶猛，一代比一代更顽强。

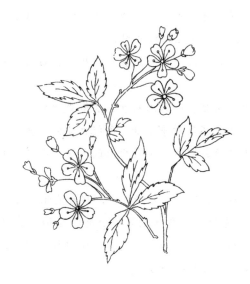

鹿身上气味的作用

鹿是人们比较熟悉的草食动物。但"走近"它你就会发现：

在鹿的蹄子、眼眶、大腿内侧、尾、腹等部位，都分布着在不同的情况下、为了某种需要而散发某种特殊气味的腺体。

在脚背内侧的跗腺分泌的皮脂，与故意溅上的尿液混合成一种特殊的气味，成为这个鹿与众不同的独特气味。

在脚掌外侧的跖腺，周围有冠状长毛覆盖，由硕大的顶浆腺体组成，当鹿处于紧张状态下，如被追赶或身处陌生环境时，跖腺就会发出一种类似大蒜的强烈气味。眶下腺位于眼的下方，有些鹿，这个腺体长得很大，在头骨上形成深陷的泪窝，腺体含有蜡质分泌物。鹿在繁殖季节用眶下腺作标记，鹿在攻击对方时，也会拼命裂开眶下腺。

尾腺也是鹿自己区别于其它鹿的标识之一。尾腺为雄性所独有，位于尾巴背部和两侧，分泌物往往粘附于肛门两边及臀部的毛丛中，使毛丛粘结在一起。当它用尾腺在树干或小树枝上不断摩擦时，臀部的毛便向两边分开，露出尾部，它抬起臀部上下移动，便有气味强烈的乳白色分泌物被涂在树枝上，在空气中，那乳白色物质很快便会变成褐色的腊状物。雄鹿用尾腺作标记，全年中随时都可进行，但在发情期内，它这样做的次数最多。

比如每年三四月间，雄狍的性行为逐渐加强，表现出强烈的划占领地行为。它会用尚未脱去茸皮的骨角在小树上摩擦，以擦掉树的表皮，并将树的顶端折断，在树干上留下剥皮的标记，同时也脱去死茸，并将含有大量性激素的血液和前额腺分泌物涂在树干上作为领域标记。如果它要占据的领域没有小树怎么办呢？它便会在空旷草地或农地找个地方，挖成一小块空地，将自己的跗腺分泌物和趾间腺分泌物涂在地上作为标记。领域建立后，狍会不断地巡逻，一旦发现入侵者，便与之争斗，直到将对方赶出

65

它的地盘。

另外，雌鹿如何辨别自己的幼孩？并不是像人一样用眼睛去观察的，它是通过嗅闻幼鹿的尾腺来辨认的。当梅花鹿受惊时，会将尾巴上举。它那白色的尾巴如同消息树，同伴见了，便知有警报。若在深草或密林中，视线受影响那也不要紧，因为梅花鹿还可以通过尾腺发出警报气味，不但使其它鹿得知警告，甚至还可根据气味判明该逃往的方向。

成年雄鹿在发情期内常常以泥浆洗浴，通常过程是：先走近泥浴处，不停嗅闻，再用前肢或角在地面上扒、刨几次，然后排尿。此时它的尿中含有尿道腺的某种分泌物，使尿散发出一种强烈的气味。而后躺下，并在地上打滚，将沾有尿液的泥浆涂抹在身上，最后站起身，再用角挑泥涂在脊背及体侧等未沾上泥浆的地方。雄鹿此举自然是为了以特殊的气味吸引雌鹿，气味拌在泥浆中浑发得慢，可以延长保留的时间。

猩猩是人类的"远亲"

过去，研究者只依据形态、肢体和器官等的相似程度，来判断不同物种之间亲缘关系的远近，从这个角度看，人和猩猩似乎仍然存在着很大的差距。

最后，生物学家分析人与猩猩的基因，结果惊奇地发现，人与猩猩的差异只有1%，这主要通过研究遗传物质"脱氧核糖核酸"来进行判断的。

"脱氧核糖核酸"(即DNA)像一套图谱，能说明动物是如何发育成长，每天怎样制造所需的各种蛋白质，如肌肉、细胞等各种成份。

科学家通过分析某种蛋白质，如分析血红蛋白中氨基酸的序列来判断人与动物之间的差异。虽然实验的结果，各家略有不同，但总的趋势是人与猩猩最相近，其次是人与猴子，人与狗。粗步推算，人和猩猩在500万年前是同一祖先。

与人类有着共同祖先的猩猩，它们有许多生活习惯都与人差不多。比如，它们与人一样会使用工具，生活在野外的黑猩猩会用前肢（相当于人手）从树上折断树枝，然后，用这树枝去掏白蚁窝里的白蚁。有时，它们并不直接用树枝，而是摘一片树叶，用牙齿咬掉叶肉，只留下中间叶脉和短刺，然后插进蚁穴。过一会儿，它悄悄抽出叶脉，你会发现叶脉上已爬满了小蚂蚁。它把叶脉凑到嘴边，用力一捋就将叶脉上的蚂蚁全部吃光。

猩猩有与人相似的喜怒哀乐各种表情：当心情愉快时，它们会大笑，大笑是除了人类只有猩猩才会；当心情郁闷时，它们会愁眉苦脸；当心情烦燥时，它们会无缘无故发火；当受到欺负时，它们会很生气，更会发怒。

衡量一种动物智力的重要指标就是看它的"交际"能力，因为这些行为是靠先天本能和后天学习而获得的。在猩猩王国里，它们彼此见了面，会发出一种特有的喊叫声，那是它们在互相打招呼。如果有猩猩生气或发脾气时，另有猩猩过来，用手搭在它的肩头，嘴里还叽哩咕噜的，那是它在劝慰呢。另外，它们还会握手、两手上举表示欢呼等，甚至它们还会像人一样亲昵地接吻呢。

"分食行为"也是衡量动物进化的标志，猴子吃食时往往自顾自，很少顾及同伴，而猩猩群里是有明显顺位的，取食时，它们按顺位来进行，一般的，上位猩猩常常给下位猩猩分递食物。这点与人也极为相似。

经过训养的猩猩，更会模仿人做些简单的劳动，比如，用扫帚扫地，用铲子铲土，用餐具吃饭，用棍棒击打来犯之敌等等。有的猩猩还会穿针引线，会倒立，会骑小自行车，会使用乐器，会开拖拉机，还可以帮人做些简单家务。另外，它们还会用手语表示一些简单的语言。

兔子惊人的生殖率

野家兔一向以多产著称，雌兔三四个月即性成熟，每窝一般产4～6仔，孕期只有四周。母兔产仔后约12小时便发情，可再次交配怀胎。

因此，野家兔有时一个月就产一窝幼兔，但这只是在春、夏繁殖季节才会有如此惊人的生殖率。

在一般情况下，一些等级较高的"兔王后"，一年内可生殖6～7次；地位低的母兔生5～6次。

如果不发生严酷的气候变化，雌兔一年约生小兔30多只；每年第一胎生的小母兔，当年又可生1～2次，那么一只母兔的子子孙孙算在一起，一年内总共可生40多只。

在新西兰，据某些资料的报道，一只母兔一年甚至能生60多只小兔。

野家兔的新生仔体重一般为40～45克，经一周哺育，小兔体重便增加一倍以上。

大约从第八天起，小兔崽子就可听到声音，同时身上也长出了毛。

到第十天开始睁眼。四周后便和妈妈分居，因为这时母兔又要产仔了。临产时，雌兔通常都是在原来的兔洞里挖一个新的产房。

适应性极强的老鼠

老鼠适应环境的能力十分惊人，凡是全世界陆地上一切可能生活的地方，都留下了它们的踪迹，哪怕是火热的赤道地区，或是冰雪覆盖的两极，都不例外。

这样广泛的适应能力，使得老鼠在几百万年的哺乳动物统治时期兴旺不衰，并常常在和其它哺乳动物竞争中获得成功。当然，取胜的方法并不是以什么尖锐的牙齿、敏捷的速度、凶猛的兽性、庞大的躯体，而是靠繁殖的迅速——以数量的绝对优势来取胜。

为了保存自己，老鼠食性的广泛程度是人类所不及的。是凡人类能吃的，都是鼠的美味食品，而人所非食用的，诸如蜡烛、肥皂、纸张、木材以及动物的粪便等，它照食不嫌。

因此，由于饥饿丧生的老鼠极为罕见。

另外，老鼠对于放射性的适应能力，远远胜于其他哺乳动物。1945年，美国仅用了两颗等级不大的原子弹，便使日本广岛顷刻间化为乌有。

令人吃惊的是，劫后不久在广岛最先活动的动物就是老鼠。它们在放射性的环境中不仅生活得很好，而且繁殖后代也极快。在相当长的时期里，老鼠成了独霸广岛的动物。

后来经过许多专家研究，结果表明老鼠不但能避开放射性的危害，而且具有防御放射性的独特功能。

狗的嗅觉最灵敏

　　狗的种类繁多，达120种以上，依功用不同可分为猎犬、工作犬、看家犬、导盲犬、救护犬和宠犬等。最大的狗重130千克，最小的狗只不过1.5千克。常见的家犬身躯和四肢细长，嘴部尖削，两耳长大，尾毛蓬松。人们驯养狗，可以用来帮助警察搜捕逃跑的罪犯，查找被坏人隐蔽起来的不法物品；配合地质勘察人员寻找矿物；带领远行的人寻找自己的出发地点，以及报告地震、捉老鼠和实验等。狗还是第一个遨游太空的动物。

　　狗以其鼻子灵敏而著称。人们在打猎中使用猎狗，在侦察中使用警犬。现在海关人员在检查走私的毒品时，也是靠受过专门训练的狗来破获的。狗的鼻子为什么这样灵敏呢？就是因为它有一种嗅觉探测器，其灵敏度超过人的嗅觉一百万倍，同时可以辨别成千上万种气味。例如，"采矿狗"能嗅出地下几米深的硫化矿石气味。警犬则可嗅出秘密携带的炸药的气味。一些狗可根据水下潜水者呼出的水泡气味而把人找到。

　　狗的这些本领主要靠它发达的嗅觉。狗的鼻子很大，几乎占去了整个脸部的三分之二。狗的鼻子表面有一块不长毛的地方，那上面分布着很多嗅觉细胞，在鼻子里面的内壁上生长着许多的皱褶，皱褶上是一层布满了嗅觉细胞的粘膜。据科学家测试，狗能闻到两万种不同的气味。

　　当狗嗅过犯人遗留下的一些脚印或物品的气味后，便传给大脑牢牢记住。以后狗就能根据记住的信号从各种气味中分辨出这种特殊的气味，这就是它能跟踪罪犯和检查坏人携带违禁物品的原因。经过训练的狗能记住一些矿物的特殊气味，在地震前也能嗅出从地下冒出的某些气味，这是狗能寻矿和预报地震的原因。至于狗为什么不迷路，那是因为狗在跑行时总是走一段路就撒一点尿，它是凭自己尿的气味寻找出发地的。

野骆驼的“空调器”

　　野骆驼是我国一级重点保护动物，它与被誉为“沙漠之舟”的家骆驼的区别，一是头、耳较小，二是绒毛较短，三是驼峰坚硬呈圆锤形，不像家骆驼那样扁、斜。

　　野骆驼主要生活在远离海洋的中亚、西亚以及我国西北部的戈壁沙漠，是名副其实的沙漠动物。沙漠地区气候干燥，水源缺乏，植被稀疏，冬季干冷而夏季干热，大气透明度强，光照强烈，风沙滚滚，昼夜温度变化剧烈。

　　野骆驼何以适应沙漠生活？这要从野骆驼的体温调节及其保水、节水的装置说起。

　　野骆驼的皮下脂肪很少，人们为此而称之为“瘦骆驼”，皮下脂肪少利于散热，借此可调节体温。它们皮肤上汗腺极少，高温时很少出汗，这又避免了蒸发失水。

　　野骆驼是恒温动物，但体温的昼夜波动较大，白天可升到40℃，夜间可降至34℃，这种大幅度的体温波动，对缩小动物与环境间的温差十分有利。白天体温升高便于蓄积热量，更利于承受夜间环境低温的侵袭，野骆驼皮肤上生有长短两种绒毛，由其组成的毛被具很强的隔热保温功能，而且绒毛的脱换方式十分特殊。每年5月开始脱毛，但长绒毛脱得非常缓慢，直至9月新绒长出后，老绒才完全脱去，平时我们见到家骆驼一大块一大块的长绒毛拖系在身边，就是这个道理。

　　这种脱毛方式使绒毛和皮肤之间形成一种特殊的空间小气候，能防止白天高温和日照辐射，又避免夜间低温时过多散热，野骆驼的皮肤和绒毛就是这样随着环境温度的季节、昼夜变化，来自动调节体温的。

　　野骆驼的鼻孔能自由启闭，不但可以防止风沙侵袭，且卷轴状的鼻甲骨使鼻腔粘膜的表面积增大1000平方厘米，为人的80倍。野骆驼呼吸时，这鼻腔粘膜又成了热量交换器。吸气时，外界空气进入鼻腔时得到湿润和温热，利于保护肺部；呼气时，湿热的肺气又通过鼻腔受到冷却和水分回收。野骆驼的肺活量很大，呼吸频率很低，为16次/分，这就避免了过多的呼吸失水。可见野骆驼的呼吸系统具有奇妙的保水和调温功能。

野骆驼是反刍兽，多室胃，容积大，一次食草量和一次饮水量都很可观，因此可以较长时间的不食，不饮也没有问题。

野骆驼的大肠有很强的吸水能力，它排出的粪便干燥得如核桃球，从而最大限度地减少排便失水，野骆驼的尿液浓度高，且排尿量小，这又减少了排泄失水。野骆驼的血液浓度也高，且耐受脱水能力强，当脱水使其体重降低22%时，其血液的各项生理常数不变，一旦饮水后，10分钟后血量即可恢复原状。

野骆驼由于具备综合调节体温的"空调系统"，又有善饮水、生水、保水、节水的习性，所以世世代代生活在黄沙滚滚的大戈壁荒漠之中。

象为什么吃岩石

大象吃岩石的事发生在肯尼亚和乌干达的边境上。

这里有一座死火山，山上森林密布，山中有个长160米的山洞。许多动物常在洞内出没，而成群的大象也常常光临这里，且行为怪异。

当夜里黑暗笼罩了世界的时候，大象们从森林走了出来，步履从容地走进洞内。它们找到自己的位置，用坚实的牙齿啃食洞壁上的岩石。

那么，它们为什么又要啃食岩石呢？原来，大象吃岩石为了获取里面的钠，而化验结果，岩石内果然有大量的钠元素。

非食肉性动物好食土，从而获得了所需的元素，大象正符合了这一特性。

南美出现"人猫合唱"

巴西歌唱家玛莉亚养了一只猫，名叫"康素拉"，这只聪明的猫和歌唱家生活在一起，耳濡目染，居然也学会了唱歌，甚至能配合玛莉亚唱"二重唱"哩。

每当她练歌时，康素拉就跳到琴上，静静地欣赏着。有一天，玛莉亚唱着唱着，突然听到蹲在一旁的康素拉也随着钢琴声哼哼着，以后，玛莉亚每次练歌，都有意识地让康素拉随着乐曲声跟着唱。渐渐地，康素拉养成了习惯，也慢慢地能与乐曲配合了。

后来，玛莉亚正式演出时，干脆把康素拉也带着，让它充当伴唱。天长日久，康素拉会伴唱36支名曲。

康素拉曾随玛莉亚在巴西、玻利维亚、哥伦比亚、智利等国演出过，吸引了南美几个国家的音乐迷。他们非常爱听康素拉的伴唱，有的人就是冲着康素拉才买音乐会票的。康素拉成功了。

颜色纯正的彩色绵羊

青少年自然科普丛书

qingshaonianzirankepuongshu

动物天地

羊多是白色的，这是常识，如果羊是五颜六色的，那么剪下来的毛不是就不用再进行人工染色了么！那该多好。前苏联阿拉木科学院的一个遗传育种研究小组，就致力于彩色绵羊的研究，经多年钻研，终于发现了天然彩色绵羊的培育秘密。

他们让绵羊食用某些金属微量元素，便改变了它们的毛色。例如：铁元素可变绵羊毛为浅红色，铜元素可变羊毛为天蓝色等。

他们经采用多种微量元素与毛色的试验，培养出红、天蓝、金黄、琥珀等多种颜色的绵羊。这种天然彩色羊毛颜色纯正，可直接用于制衣，不再需要进行人工彩色处理。

野猪也上厕所

在我们印象中，动物都是随地大小便的，它们没有上厕所的习惯。然而，当你看完这段短文后，你恐怕就要改变看法了。

德国的一位名叫海因茨的摄影师，专门从事动物摄影。为了拍好野猪的生活，他数年如一日地生活在野猪出没的地方，与野猪建立了友好的关系。

一般人都会过于关注吃喝，而忽视排泄的问题。海因茨也不例外，起初，他从来没有想到过研究野猪的排泄问题，或许他一开始的想法和我们一样：动物是随地大小便的。当他意识到这也是个问题时，就留了个心眼。

一天，一群野猪在吃饭，吃到一半时，一只大母猪突然匆匆离"座"而去，一只小猪跟随而去。不知为什么，海因茨突然感觉到它们可能是去上厕所，于是，他赶紧悄悄地跟在它们后面。

让海因茨大感意外的是，野猪居然有"厕所"，那两头猪就是去上厕所的。当然，它们的厕所与我们人不一样，并没有砖墙与外界相隔，只是有一块专门的凹坑罢了。

为了证实野猪并不随地大小便，而是像我们人一样，是去厕所解决排泄问题的，海因茨有一天特地带着一群野猪走到"厕所"旁边。不料一见到"厕所"，这群野猪不肯再往前走了，统统蹲了下来，大便的大便，小便的小便，个个忙得不亦乐乎。海因茨明白，它们准是以为他将它们带到这里，就是让它们集体上厕所的。

以后，海因茨又反复做过多次这样的实验，每次都是如此。

袋鼠善于散热和节水

夏天，澳洲的沙漠在烈日烘烤下，气温可升高至40℃。一切有生命的东西，都在想尽办法躲避这种烘烤。有的钻入地下，有的进入水中，有的则躲在洞穴里，白天呼呼睡觉，夜里出来觅食。澳洲草原、沙漠上的动物"主人"——袋鼠，是怎样度过这个漫长而炎热的夏日呢？

科学家为了探索袋鼠调节体温的秘密，曾经多次对它们进行了观察和试验。根据目前已掌握的资料可以知道袋鼠调节体温的办法主要有三种：一是喘气，二是舔体，三是流汗。前两种多见于静止状态，后一种则见于运动过程。

大家知道，袋鼠的体温并不是严格醒定的其变化幅度大致在35.5～36.5℃之间。如果体温一旦超过这个限度，袋鼠便开始忙碌地进行舔体活动。尽管这种降温方法很原始，但是对它保持稳定的体温，却是一种行之有效的办法。袋鼠舔体以舔前肢为主，特别是在高温下它们不仅加速舔前肢，而且也气喘吁吁和汗流浃背。

袋鼠舔前肢并非所有部位都舔，而是侧重于其中的一小块。过去人们只看它经常舔那一片，但是对它舔的原因却不了解。近年来通过对前肢血液供应的试验，发现袋鼠经常舔的区域，有密集和精细的网格状表层血管。在高温下，流到这个区域的血量大大增加了，所以前肢部分是一个重要的传热部位。大袋鼠在其前肢的部位涂上唾液，可以更有效地利用外溢的液体，作为袋鼠休息时散热降温的主要办法之一。

在运动状态下，袋鼠的散热主要就靠流汗了。因为它不可能做到边运动、边舔体。关于身体流汗的作用，我们每个人都有亲身体会，这是一些哺乳动物，其中也包括我们人类在内的降温散热的主要形式。其原因就在于：流汗可以增加表面积，以便进一步增加蒸发散热量。不过袋鼠有一点不同于其它兽类：它流汗仅限于运动状态，运动一旦停止后，它就立即停止流汗。可是其它兽类，不论运行或休息时，都会通过流汗散热。

前面已经讲到，袋鼠与其它兽类的不同点之一，在于运动停止后即停止流汗。那么，它为什么在休息时要停止流汗，并以气喘和舔体来降温散热呢？原来其奥妙就在于节省水份。

水是生物的命脉。对哺乳动物来说，水份更是离不开的东西。所以一切生活于干旱环境下的动物，都懂得节约水份。袋鼠为了减少水份的蒸发，在运动停止后，立即改用喘气来散热降温，这样就可以减少因皮肤出汗而蒸发可以更好地保存水份。这就是袋鼠为什么在休息时立即停止流汗的真正秘密。

在酷热的夏天，大赤袋鼠是最善于调节体温和保存水份的动物。故素有"节省水份能手"的称号。它采用的散热和节省水份的办法是多种多样的，如在高温下，大赤袋鼠并不躺在树荫下，而是弓着背站着，这样可以使体表面积从环境中吸取的热量减少到最低限度，吸取的热量减少了，自然也就减少了为散热而损失的水份。又如袋鼠厚密的毛，能够形成理想的绝缘层，即可隔绝周围的炎热，又可减少水份蒸发。特别是它那粗长的尾巴，在遇到高温时，常常被夹在两腿之间，这样又可缩小体表对辐射热的暴露面，从而减少了热量散发和水份蒸发。

袋鼠的这些节能特性，使它成为一种能够忍耐干旱的动物。据研究，在干旱环境中，袋鼠只需要绵羊所需水份的1/4，其节水能力大可与骆驼媲美。

灰熊冬眠的"生物钟"

为了揭露灰熊冬眠之谜，美国葛莱德兄弟组成了一支考察队，包括生物、医学和物理等方面的科学家，第一次采用了太空科学的生物无线电远程观察，对灰熊的游荡生活、栖息地点、夜间活动、洞穴冬眠等追踪观察。

他们先在野外设陷井，捕猎灰熊，然后加以麻醉，将编有号码颜色不同的塑胶标签插进熊耳，接着称重量，计尺寸，套上塑胶圈，里面装有微型无线电发报机，能发射出各种信号来。根据无线电接收机收集到的各种资料，整理分析，就能洞察到灰熊的一举一动。

经过多年考察，关于灰熊的生活情况，更加全面清楚了。

有一次，暴风雪来临了，灰熊向峡谷地区慢慢走去，可是来到洞穴前，却没有进洞，继续挖洞。这是什么原因呢？原来，过了几天，太阳出来了，天气转暖，地面上的积雪都消融了。它好像预知这不是进洞冬眠的时候。

不久，第二次暴风雪来临了。灰熊身上的神秘"生命钟"发出信号：应该冬眠了。同时，装在它身上的无线电不断发出带有节奏的信号，表示它已经冬眠了。

科学家们研究了大量资料后得出初步结论。灰熊身上确实有"生物钟"，能察觉地球的"脉搏"，包括气温、气压、飘雪、猎食困难等等，这些因素拨动灰熊的"生物钟"。天气转冷，生物钟敲起第一次"钟声"，灰熊懒洋洋地打哈欠，挖洞穴，想睡觉；第二次"钟声"响了，灰熊离群独处，漫步前去山林，可不马上进洞；第三次"钟声"响了，灰熊才进洞冬眠。

第一次大雪后，灰熊为什么不进洞呢？原来它在等待着下一次的大风雪的到来，好盖上自己在雪地留下的脚印。而北山坡上的积雪，要到来年春天才融化。但是，它怎么知道这些地球的"脉搏"的呢？这还是一个猜不透的谜。

◎ 水中遨游 ◎

  水是生命之源，千姿百态的一切生命最早都是由水中诞生的。

  鱼类是海洋和江河湖泊中的旺族，而数以千万计的海洋动物种群更体现了自然界的丰富性和多样性……

文昌鱼是"活化石"

　　我国福建同安和山东青岛附近的海面，生活着一种珍贵的文昌鱼。它和一般的鱼不同，没有头，也没有脊椎骨、鳞片和眼睛，它体形细细的，不过3厘米多长，身躯柔软，而且是半透明的。

　　文昌鱼是比鱼类更低等的一种动物。有趣的是，它没有胸鳍和背鳍，只有尾鳍，因此游动起来经常是扭转身躯，摆动尾巴。

　　文昌鱼在六七月间产卵，卵在海水中受精，经过孵化变成小鱼。它们特别怕光，白天躲进沙子里，到晚上才浮游到海面活动。长大后的文昌鱼，就生活在水深10多米的海底沙子里。

　　文昌鱼对生活环境要求很高，因此分布范围不广。除了我国以外，世界上只有爪哇等沿海地区才有它的少量分布。

　　文昌鱼喜欢在较松的沙砾地方生活，而沙中最好混有少量的贝壳碎片或棘皮动物的碎片，以便它的转动和呼吸。而且还要求其他的条件：海水要有一定的咸度，水温也要冷暖适当，水流不宜太急，风浪不能太大。

　　因为文昌鱼对环境有这种苛刻的要求，所以繁殖得很少。

　　稀少也是它珍贵的一个原因。严格来说，文昌鱼已不是鱼类学中的"鱼"了。但是，更重要的是，文昌鱼是无脊椎动物进化到脊椎动物过程中的一个中间物，它成了动物进化史中的活化石，因此，凡介绍鱼类时，总要提到它们。

千里回归的中华鲟

在滔滔长江内，繁衍生息着一种人称"长江赤子"的珍稀动物——中华鲟鱼。

中华鲟是我国稀有的珍贵经济鱼类，有着1.4亿年的悠久历史，人称水中"活化石"，是国家重点保护的一级野生动物。以"中华"命名的鲟鱼，最大者体重可达500千克，体长可超过4米，多产于长江，以江海底栖动物或小鱼为食。

中华鲟是一种习性很特殊的洄游鱼类，自古以来，它们在长江就有着固定不变的洄游古道。

中华鲟虽然常年生活在东海、黄海等沿海水域，但一颗"赤子"之心时刻牵挂着"长江母亲"。

每年秋季，中华鲟由海洋聚于吴淞口，逆江而上3000公里，开始漫长而艰难的寻根旅行，至第二年秋季开始在诞生地金沙江一带繁衍后代。

有趣而又令人感叹的是，中华鲟进入长江后便开始绝食，直至产卵后返回海洋，其间长达两年左右。人们为此送它一项"耐饥饿冠军"的桂冠。

中华鲟头部稍尖长，长着扫帚式的歪尾巴，全身上下披满硬鳞，浅褐色的五行骨板直贯头尾。这五行骨板犹似铁甲，把个中华鲟扮得威风凛凛。

中华鲟平时性情温和，但若遇侵犯，就会变得勇猛无比，奋起反击。

这一地地道道的"中国种"，身上竟具备着中华民族不畏强暴的坚强品格，难怪炎黄子孙对它百般钟爱，称之为"中国国宝"和"长江水熊猫"。

中华鲟是一种珍贵的经济鱼类，它全身都是宝，肉嫩味美，被誉为珍稀佳肴。鱼卵含有丰富的脂肪和蛋白质，药用价值和营养价值相当高。

早在明朝，古代大医学家李时珍就认识了它的价值，在《本草纲目》中予以记载，"肝主治恶疮疥癣。肉补虚益气，令人肥健。煮汁饮，治血淋。鼻肉作脯补虚下气。子状如豆，杀腹内小虫。"

可见，中华鲟是一种具有很高经济价值和科学价值的珍稀鱼类，称为"中华国宝"当之无愧。

近年来，由于人为的水资源破坏，再加上水利工程的兴建，繁殖季节已不能上溯至金沙江。中华鲟无法找到最适宜的水域产卵，因此，数量急剧下降，人工繁殖中华鲟便显得重要了。

国家有关部门已在湖北宜昌建立了研究所，中华鲟人工繁殖、放流已获得成功。10年来已向长江投入中华鲟幼鱼230万尾。

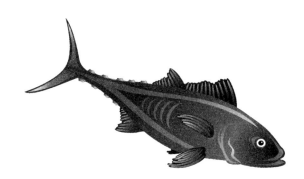

洄游路程最长的海鲑鱼

大马哈鱼，它的学名叫"海鲑鱼"。它以味道鲜美而著称；以善游而闻名。善游，是指它在同类中谁也没有它游的远，它是洄游路程最长的鱼。

春天一到，在海洋里生活了5年的小鲑鱼已长大"成人"。这时，它们就成群结队地返回故乡。它们的故乡就是它们的出生地——黑龙江和乌苏里江（还有一些河，如绥芬河、穆棱河等）。它们从太平洋起步，渡过鄂霍次克海，绕过库页岛，再奔家乡。这段路程有多远呢？好几千公里！它们是"海外赤子"，回故乡心切，乘风破浪，昼夜兼程。一般每昼夜游40公里，到顺流时每昼夜可游100公里以上。

它们返回故乡，目的是"生儿育女"，"传宗接代"。到每年的八九月份，它们便在黑龙江、乌苏里江里追逐、交尾。这时，雌鱼选择温暖、洁净的水流处，用尾巴清除掉水底的杂物，然后头迎着水流的方向，伏在江底的沙面上，身子剧烈地摆动着，把砂砾分向两边掘出一个比自己的身子大的椭圆形小坑。雄鱼看到后，就游向它"求婚"。雄鱼常常为争夺"新娘"而爆发"战争"。战败者逃之夭夭，战胜者就守候在雌鱼的身边。雌鱼做好"育婴的摇篮"后，就愉快地靠在雄鱼身边，而后并肩而行。雌鱼一阵痉挛，把一粒粒黄豆般大小的，黄橙橙的、晶莹的卵粒排在坑里。这时，雄鱼便立即向卵上授精，而后又去追逐别的雌鱼。

雌鱼见雄鱼去了，急忙用尾巴拨动坑边的砂砾，将授精后的卵粒掩盖起来，筑成了卵窝，保护未出世的"儿女们"。四五个月过后，春风又回到北方。小鲑鱼便迎着温暖的春风出世了。刚出世的小鲑鱼身体只有4厘米长，长到6厘米时，就身强力壮了。这样小小的"个子"，便开始从出生地远游它乡，游向大海。

它们在海洋里生活5年以后，就准时返回故乡，而且能准确地寻找到它们的出生地。大马哈鱼为什么有这种本领，这全靠它有一只神奇的鼻子。

　　原来，大马哈鱼的鼻子的内部是一个长满褶皱的嗅囊，嗅囊的表面是无数个灵敏的感受器，它能察觉水里化学成份及其微小的变化，因而接收到远方的信息。

亚马孙河食人鱼

在南美亚马孙河有一种食人鱼，这种鱼体表面有黑色小斑点，腹部呈橙黄色，腹鳍也是黄色，非常美丽。可是它的牙齿，像锯齿般锋利，任何肉类都可咬掉吞食。这种鱼还会在河边以迅速的动作，把汲水人的手指咬掉。

美洲虎鱼生活在南美洲的亚马孙河和奥里诺科河及其流域，是一种食肉类鱼。美洲虎鱼长仅30厘米，背部向中部隆起，颜色非常华美，颌骨呈三角形，很坚硬、锋利，喜欢居于深水中，常常以袭击各种动物甚至人为生。人们称它为虎鱼，一点也不过分。

美洲虎鱼感觉灵敏，如果有人畜涉水过河，轻微的波动也会招致无数的虎鱼成群结队地向声源袭来。当地人往往采取"调虎离山"的办法，牺牲其中的一只或数只作为代价，把美洲虎鱼引开，这样才能使人畜迅速过河。

美洲虎鱼的嗅觉也极其敏锐，如果水中稍有一点血腥味，便能把远处大批的鱼群引来。就连受伤的鱼类所流下的血，也会把它们招致而来。

虎鱼的头占全身比例很大，向后倾斜有厚骨。虎鱼目光锐利，能靠视觉、嗅觉及对水波震动的灵敏感觉觅食。闻到了血腥味，它会发狂，张开了嘴，像刀一般地向血腥味的来源地点冲波前进，速度非常快，人类肉眼所能见到的，只是一闪而过的一团模糊黑影。其性贪食，往往成群觅食，有时一群多至数百条。由于"鱼多势众"，它们有胆量攻击比它们大得多的生物，只要这种无端遭难的生物是受了伤或行动有点失常。

假使虎鱼攫食的对象是条大鱼，它先咬断大鱼的尾部，使其无法移动。吃的时候，每条虎鱼在大鱼身上咬一口，用力向后一拉，扯下塞满一口的鱼肉，同时留出空位，让另外一条虎鱼飞快冲上，重复进行同样的同作。这种"运输带"式的进食方法，能以快得令人难以相信的速度，瞬息之间便吃完杀伤的生物。

　　据当地印第安人说，在亚马孙河畔的淡水湖泊和河流中，每年都有不少人丧身在食人鱼口中。一些不知情的人跳入清凉的湖水中游泳、洗澡，做梦也没想到会成为这种小鱼的口中之食。美国著名探险家杜林，在秘鲁内罗耶来利亚湖畔的印第安村落里，曾看到不少缺腿断臂和残指的人，据说这些人都是在河边洗衣服或洗澡时遭到食人鱼的突然袭击而致残的。

　　当然，人们对虎鱼也不是毫无办法的。在亚马孙河流域盛产着一种根部有毒汁的植物，受到虎鱼荼毒的人及其家属往往把这种毒汁拌在切碎的牛羊肉中，倒入有食人鱼的湖泊或河流中，这样，不到一小时，水面上便漂满了这些贪食者的尸体。

　　虎鱼的肉味很鲜美，印第安人常用上述方法一次捉几十条，放在火上烤，以饱口福。剩下的虎鱼腭骨，可以当切割藤条与皮革用的剪子。有时将虎鱼的牙齿在尖端部分涂上箭毒，做成箭镞。

　　促使虎鱼袭击其它生物的，可能有饥饿、水位低落及聚集在一个地区的同类太多等因素。

加勒比海的发光鱼

在加勒比海开曼岛水下的珊瑚礁岩中，生活着一种会发光的鱼。这种鱼长10厘米左右，躯干扁平，暗褐色的身体透出棕黄色和玫瑰红色的光泽。鱼的腹部呈灰白色，鱼嘴略微突出，头肥大，呈黑色，两眼大大的，脊鳍下部有一条闪烁着宝石般光泽的细长亮线。更有趣的是，鱼的眼巢底下有一个发光器官，可以发出明亮的绿光。它生活在几十米深的海水中，白天总是潜伏在洞穴里，轻易不出来活动，只有晚上它才出洞觅食，在水中游戏，但只要一昕到一点响动，它便像箭一样嗖地钻到洞穴中去了。

在水下观看发光鱼，是十分有趣的。游动着的发光鱼发出绿宝石般的亮光，忽明忽暗，好像一艘艘小潜艇。众多的发光鱼在一起聚会时，简直像是水下流星穿梭一般，极为好看。可惜，这样的机会千载难逢。

世界上有不少海洋动物具有发光的本领，但是发光鱼发出的光最亮，也格外使科学家们感兴趣。据科学家们考查，鱼儿发光往往是一种有效的自卫方式。每当敌害逼近时，它们就拼命发着光向前冲，光的亮度可以比平时增加好几倍，然后突然熄灭亮光，来一个急转弯，借助黑暗的掩护逃之天天。有时，当过往的小鱼群接近它们的领地时，雌鱼就急速地游来游去，随即亮光突然消失，冲向陌生的鱼群，在距离很近的地方再次亮出它的光学武器，把敌人吓跑。

除了自卫之外，鱼儿的光亮还有照亮道路、寻找食物、与同族保持通讯联系等特殊作用呢。

深海里的鳊鲼

豪华的"伊丽莎白号"邮轮舞厅，烛水摇曳，杯觥交错，人们如痴如醉。突然，"轰！轰！"一阵巨响排山倒海般涌来，只见海面上腾跃着一群黑色庞然大物，人们失声惊呼："魔鬼！魔鬼！"

这种被西方人士称之为"魔鬼"的怪物，乃是生活在大海深处的一种巨型鱼——鳊鲼。鳊鲼体宽6米，重逾4吨，一张巨口横贯躯干，口旁探出两根柱状的长角。更出奇的是，鳊鲼身后长着一根又圆又细的尾巴，很像杂技节目中"鞭技"里的长鞭。

虽然鳊鲼块头庞大，性情却温和宽厚，是潜泳者的友好伙伴。在蓝色的水下世界，探险家们一旦发现鱼鳊鲼，就会情不自禁地骑到它背上，跟它在海里旅行，鳊鲼的背部宽大平稳，骑在背上，仿佛不是在海洋中漫游，而是在无云的晴空下翱翔，鳊鲼十分好客，不管谁骑在背上，都愿意让"骑士"一尽游兴。

每逢风和日丽，碧波荡漾，鳊鲼会突然跃出水面，在距离海面4米高的空中滑翔，宛若一架重型轰炸机，它跃起时带起的海水随风飘洒，滚珠流银，似虹如瀑，美好至极。不过，它不会徐徐降落，到了力尽时，便一下子跌落下来，轰然巨响，声传数里，就像本文开头所描述的那样。鳊鲼更奇者是在空中分娩，腹中小鳊鲼借妈妈凌空表演之机出世。这种分娩方法，在生物中也是罕见的。

海边的"水枪射击手"

有一种稀奇的小鱼，它和所有其它的鱼一样地生活在水中，但是它能扑食岸上的昆虫。这就是在南洋群岛以及波里尼西亚群岛附近的色彩鲜艳的射鱼。这种鱼常常在沿岸游来游去，注视着岸边植物上停留的昆虫。当发现有了可以捕捉的对象时，它就从哪里射出一股水流，把昆虫打落到水里。旁观的人常常对它们射水的准确性感到惊讶，因为从它们嘴中射出来的水流能够不偏不斜地击中目标——昆虫。

这是一种色彩鲜艳的奇怪小鱼，体长仅有20厘米左右，长着一对金鱼般凸出的眼睛，眼白上有一条条不断转动的竖纹。这种鱼擅长一套高明的射水"枪法"，依靠这一手可以击落岩上或空中飞舞的任何昆虫。

据目击者说，这种鱼射水猎物的过程是非常有趣的：起初，它先在海岸一带游来游去，一边游，一边紧紧盯着岸边植物上停留的昆虫，当发现有可以捕捉的对象时，它便把嘴唇上的小槽对准昆虫的方向，先进行瞄准。射击时张开下鳍，使身体和水面成垂直线，嘴尖突出水面之上，然后突然压缩鱼鳃，准确地喷射出一股水流，一下子把昆虫打落到水里。

据说，很多看过射水鱼"枪法"表演的人，都对它的"水枪"准确性感到无比的惊讶！大家一致认为，射手鱼不愧是个优秀的"射击手"。它不仅能把苍蝇、蜜蜂、蝴蝶之类的小昆虫击落，甚至还能把人的眼珠打伤。过去住在热带海滨地区的人们，经常发生被射水鱼突如其来偷袭的事件。据说，射水鱼还专爱跟近视眼的人开玩笑，常常出现把他们的眼镜打落下来的趣事。

那么，人们不禁要问：射水鱼是怎样发射"水枪"准确的击落目标的呢？

原来，在射水鱼的上腭下方有一道小槽，用舌头舔住，便形成了它的"水枪管"，只要把吸进的水从"枪管"里逼射出去，化成一束湍急的水柱，就能达到射击昆虫的目标。据动物学家测家，这种鱼的射击能力是很强的，一般在30厘米的距离里，几乎都能百发百中，最远射程可达3米。

眼睛朝上的海底比目鱼

最有意思的是比目鱼的眼睛。一双眼睛竟然生在身体的同一侧上。古人认为这种鱼的雌鱼和雄鱼是并排着游泳的，所以才有"凤鸟双栖鱼比目"的动人诗句。谁知，这原来是观察上的错误。两条同类的比目鱼永远是不合拢的，眼睛也是没法相互靠近的。

实际上，比目鱼都是单独地躺在海底生活，它那扁扁的身体与水面平行地贴在沙底，两只眼睛都长在靠上的一侧，这一侧身体的颜色是棕灰色的，而贴在沙底一侧的为白色或淡黄色。这样，它既可以躲过敌害的视线，又可以方便地获取食物。

大多数鱼类的眼睛都分长在身体的两侧，而比目鱼却是另外一副模样，它的一双眼睛生在身体的同一面上。它的相貌，是适应生活习性和保存自己生命而进化形成的。比目鱼生活在海洋底部，当它侧卧在水中时，身体长有眼睛的那一边朝上，可以发现在上面水层中的食物。而它身体的颜色很奇特，朝上的身体是棕灰色，从上面看，和海底的颜色浑然一体，朝下一侧身体则为白色或肉色，从它的身体下面向上看，不易被发现，可以巧妙地躲过敌人的视线。

比目鱼分成牙鲆、高眼鲽、条鳎、半滑舌鳎等类，刚孵化出来的幼鱼，眼睛是对称地长在两侧的，以后在发育过程中，各部分发育不平衡，才长出了这个怪模样。同是比目鱼，头眼也生得不同，牙鲆和半滑舌鳎的两眼长在左面，高眼鲽和条鳎的两眼却长在右面。

当它从卵中孵化成幼鱼时，它的外形和在水中的游动姿势与其他鱼类毫无异样。当它们生活了20天左右，身体长到1厘米长时，它的鱼鳍会渐渐发生变化，再也不能继续正常游泳，就把身体侧卧在水底上去了。原先处于鱼体右侧的眼睛就向左侧偏移，两只眼睛并列在一起。最新的研究表明，它在生长过程中的改变，是受到了体内某种激素的影响。如果破坏了比目鱼体内激素的合成，它的变态就会大大减慢。

佛利鲽的眼的一边，颜色的灰色中带有一些橄榄色，像褐色的大理石花纹。也有的佛利鲽是黄色或黑色的，同周围的泥沙和石砾很相似。因此，只要它们不游动，几乎是觉察不出它来的。

地中海鲆能随着背景的色泽而变色。黑色、褐色、灰色和白色等普通环境的色泽，它都能变出来。牙鲆的变色本领就更大了，在白色、黑色、灰色、褐色、蓝色、绿色、粉红色和黄色的环境里，它都能巧妙地使自己变得同周围的色彩相一致。

比目鱼不大会游泳。它游起来身体横卧在水里，头和尾像波浪般地运动着，动作很慢，容易被大鱼吞食掉。因此，它常常匍伏在海底不动，这样，既可以用伪装躲过敌害，又可以方便地捕捉到食物。

比目鱼的模样对发现敌害和捕捉食物是有利的，不过，类似比目鱼那样发生大幅度改变的现象，在生物界也是比较少见的。

石斑鱼色彩多变

鱼儿在不同的环境里，为了保护自己，有的会不断变换身体的色泽。石斑鱼就是最典型的代表。

石斑鱼身上有赤褐色的六角形斑点，它们中间被灰白色或网状的青色分开，这种斑纹同长颈鹿的斑纹很相像。它隐藏在珊瑚礁中，赤色的斑点和红珊瑚几乎完全一样。

有趣的是，石斑鱼能够随着环境色泽的变化，不断变换颜色，能很快地从黑色变成白色，黄色变成绯色，红色变成淡绿色或浓褐色。它还有这样奇妙的本领：能同时把很多的点、斑、纹、线的颜色，一起变得深些或浅些。

一种叫纳苏的石斑鱼，人们在水槽中可以看到八种不同的色泽和形态来。忽而全部呈黑色；忽儿变成了乳白色——背部浓而腹部淡，背部有明显的带，腹部是纯白色；忽儿又变成灰色。在受惊逃向假山时，它身上淡淡的底色中，一念出现了黑色的斑和带，一会儿又变成了均匀的暗色。由于受惊程度不同，花纹的式样就变得不同了。

动物的变色，主要是为了同周围环境统一。此外，在受到了兴奋或者外界的刺激时，也成为一种警戒的信号。

动物为什么会变色？这是因为皮肤的细胞中有着许多色素细粒，有红色、桔色、黄色和黑色等等，这叫原色。各种各样的颜色，都是两种或两种以上的原色调配而成的。

还有一种彩虹细胞，是种白色的结晶体，来自血液，经过代谢作用而产生的，能够把光线反射，发出彩色的虹光来。

随着细胞的胀缩，色素粒不断扩散时，体色就变浓；色素粒不断缩小时，体色就变淡了。变色主要是受到外界的刺激，通过眼睛触发而引起的。

对虾和对虾洄游

有人以为，既然叫"对虾"，大概它们在水中时，一对对的，不分不离，像总是出双入对的鸳鸯一样。其实并非如此，人们称它们为"对虾"是有另外的原因。

对虾体大肥硕，因此又叫大虾。它新鲜时保持了相当的透明度，所以又叫"明虾"。对虾味道鲜美，营养丰富，是有名的菜肴。

雌虾呈蓝褐色，叫青虾，重60～80克；雄虾呈黄褐色，叫黄虾，重30～40克，比雌虾要小得多。

它们头上伸出两条红色的触须，长长的眼柄上，生着复眼。强壮有力的身躯上，长有三对颚足、五对步足和一个尾扇。对虾依靠它们来行动和捕捉食物。

游泳时，对虾忽儿向前，忽儿向后，活动自如，能拨水向后腾跃，还能作长距离的游泳。

春天到来，海水温度回升的时候，那些在我国黄海南部过冬的对虾，就开始产卵繁殖的活动，成群结队地向北方海域前进。三月初，对虾来到了山东半岛东南石岛附近海域，以后，在这里越集越多。

四月初，对虾大批经过威海、烟台、蓬莱附近海面，向渤海进发，部分转向山东半岛南部、向江苏沿海游去，还有一部分向辽东半岛、朝鲜半岛游去。四月底，进入渤海湾的对虾主群，先后到达黄河、海河、滦河和辽河等出海口以后，就逐渐分散开来，各自去寻找适宜的产卵场所。这里的浅海，春季水温逐渐升高，能促进卵的孵化。夏季开始后，食料更丰富了，加快了幼虾的生长发育。

到了秋末，幼虾已经长得同母虾一样肥硕健壮了，雄虾的生殖腺也发育成熟了。这时候，雄虾追逐雌虾，完成了交配。

冬天，日照时间变短了，寒冷的冬季风劲吹，渤海的水温急剧下降，生活环境变得对明虾极为不利。于是，它们群集起来，沿着那条老路，慢慢地又回到了黄海的南部海域，躲避隆冬的严寒。

到了第二年春天，对虾又要重返产卵的"家乡"，进行一次新的洄游了，这叫生殖回游。秋末后，对虾因水温的变化，又向着温暖的南方海域洄游，这叫季节回游。

一年中，对虾要在几个月的时间里，完成2000多公里的长途旅行，而且年年如此，真是个壮举。

穿"迷彩服"的海蟹

　　地中海里有一种怪蟹，它为了自身的安全，往往在背壳上栽种上海绵或海藻。海绵长得很快，用不了多久就把怪蟹伪装起来了。当怪蟹一动不动地蜷伏在海底时，就会被敌害误以为是不可食用的海绵，从而免受侵害。

　　当有大型的凶猛鱼类出现时，怪蟹有时会从背上把海绵或海藻甩掉，以此来转移敌害的注意力，而它却乘此机会逃掉。

　　当海绵长得太大时，怪蟹就将它从背上扯下，撕到合适的大小，再重新栽种在背壳上。

　　很难说海绵从这种带有强制性的合作中得到什么好处，不过，海绵可以随着海蟹移动，从而得到挑选食物的机会。地中海中还栖息着另一种怪蟹，这种海蟹每只蟹上都会生着一只很小的海葵。海蟹把小海葵当作防卫和进攻的武器。海葵用有刺细胞的触须捕获猎物，与这种怪蟹共同享用。

螃蟹的"旅行结婚"

每年秋末冬初的时侯，人们就会发现大量的螃蟹纷纷从洞中爬出，成群结队地涌向河口浅滩，这是为什么呢？经过多方的实践考察，人们终于弄清了螃蟹迁移的原因。它们的迁移既不是为了避寒，也不是寻找食物充足的地方，而是出于繁衍后代的需要。可以这么说，这是螃蟹们的"旅行结婚"。

螃蟹要走的旅途很长，为了拥有长途跋涉的身体资本，在九月份以前，螃蟹们就很注意保养自己的身体。白天，它们躺在洞中睡大觉，养精蓄锐，晚上才出来活动、觅食。经过几个月的休养，这些成蟹都把自己养得肉肥膏满，充分具备了上路的条件。时节一到，它们就满怀自信地向河口开发。这个时侯的蟹因为呈黄色，所以被称为"黄蟹"。

在整个旅途中，"新郎"、"新娘"们虽是结伴而行，但是彼此之间却互不理睬，大概是对象还没正式确定吧，而且路途遥远，所以每只蟹都只顾埋头赶路，不管身边发生了什么事。经过艰难的跋涉之后，它们终于到达了目的地。稍事休整后，雄蟹们可就忙起来了。它们首先要负责打洞挖穴，为未来的婚礼准备"洞房"，这其中当然也少不了因争夺地皮而引起的"械斗"。不过，真正的战斗还在后面。当洞穴准备差不多之后，雄蟹们就要为争夺"新娘"而战斗了，这时的雄蟹们个个显得雄姿英发，精力十足。为了搏得自己中意的"姑娘"的爱，它们奋不顾身地投入激烈的战斗，不遗余力地显示自己的实力。战斗往往进行地极为激烈且残酷，当战争结束时，海滩上往往蟹尸成堆，其中也躺着不少伤员，或断了脚，或少了螯。而少数的胜利者们则获得了与"新娘"成婚的资格，当着"爪"下败将的面，它们骄傲地将"新娘"带回自己的洞中，与它共度蜜月。

螃蟹的"婚礼"一般在洞穴的最里面举行，而且在洞穴的中间往往堆着一些沙土，其实，这是该螃蟹洞的主人布下的障碍。因为在"婚礼"

的举行过程当中，常常会有一些不识趣的"单身汉"冲入洞中，试图带走"新娘"。在这个紧急关头，正沉湎在成功喜悦当中的"新郎"就会以"护花使者"的姿态站在"新娘"的前面，挥舞着大螯，奋起抗争，一般来说，入侵者总是难敌勇气十足的主人，最终只好落荒而逃。

雄蟹为了选择配偶而战斗，那么雌蟹是不是就听其挑选呢？当然不是，螃蟹的选择配偶其实是"双向选择"。据动物学家们的研究发现，雌蟹会凭声音来选择新郎。当一只雄蟹看到雌蟹的时候，就会挥舞着大螯拍打着地面，这样的拍打当然有声音了。雌蟹就是根据这种拍打声来挑选"新郎"。如果一只雄蟹的个头很大，那么它拍打出来的声音就会显得很沉重，如果这只雄蟹的个头比较小，或体质较弱，那么它拍打出来的声音就比较轻微，对此，雌蟹当然会选择发出拍打声大的雄蟹。看来，雌螯选择对象时也爱挑个头高的"美男子"。

所以，由上可以看出，把螃蟹的迁移说成是"旅行结婚"倒确实有点名不副实，只能说是它们"结婚"的前奏曲，而且也谈不上有多浪漫，倒是充满了艰险与困难。

牡蛎是海中"大力士"

牡蛎又叫蚝、海蛎，它属双壳纲。不过它的壳与贝的壳有很大的不同。贝的壳是左右对称的，大小一致，而牡蛎的两个贝壳在大小、形状上都有所区别：左边的壳稍大一点，并且凹进去，右边的壳则稍小一点，摸上去也比较平滑。

不同种类的牡蛎形状有所不同，即使是同一种，也常常因所固着的岩石的形状不同而在外形有所差异，这就常常给试图鉴定它们的种类的科学家们带来麻烦。

牡蛎的个头虽然不大，却号称贝类中的"举重健将"，这个称号的由来得归功于它强劲有力的闭壳肌。牡蛎的闭壳肌在身体的中央，由横纹肌和平滑肌两种肌肉组成，每平方厘米的横纹肌具半千克的闭合力，而同样面积的平滑肌其闭合力却达到了12千克！因此当牡蛎将壳闭合时，它可以拖动一件大于自己体重数千倍的重物！

牡蛎有一种奇怪的习性，那就是，它一旦定居在某地，就终生也不会搬家了！在从幼体向成体过渡的阶段，牡蛎是有足的，它靠这个足以及足上的纤毛在固体物上摸索前进，寻找着适合自己居住的家。一旦找到，它便毫不犹豫地躺下来，分泌出一种粘胶物质，将自己的左壳紧紧地粘在固体物上，就此完成了定居任务，从此一生也不会离开。而它的足，在完成了寻找住宅的任务之后，慢慢就退化以至消失了，因此成体的牡蛎是没有足的。

终生不再移动的牡蛎是怎样进食的呢？它采取的是原地等待的觅食方式。牡蛎的主食是硅藻和微小的浮游生物以及海中的有机碎屑，它的进食方式很特别，可以称作"滤水法"，即张开双壳，让海水从外套膜的侧面进入体内，再从后背缘排出，从中摄取它所需要的食物。为了保证自身成长的需要，牡蛎必须不断地滤水，从中获取足够的营养物质，有人算过，一只20克重的牡蛎，每小时的滤水量竟达到了31升，相当于它的自身体重的1500倍，真是一只不知疲倦的超级滤水器！

牡蛎的肉与贝一样，同样具有很高的营养价值，因此为全世界的人们所喜爱。欧洲人喜欢生吃牡蛎，而我国人民则除了吃新鲜的蛎肉外，还将其加工制成干品，叫做"蚝豉"，它是深受各国人民喜爱的海产品。

海洋之宝——珍珠贝

　　生活在海底的许多贝类，如蚌、砗磲，甚至鲍鱼都能生产珍珠，但所产的珍珠最好的，却是海洋之宝——珍珠贝。

　　珍珠贝与其它双壳纲贝类一样，有两片坚硬的贝壳，靠闭壳肌张合来摄取水中的食物。在摄食和呼吸时，如果正好有沙粒、小石子等异物进入它的外套膜与贝壳之间，它的外套膜就会分泌珍珠质将异物包裹起来，久而久之，就会形成一颗美丽的珍珠。

　　珍珠贝的种类很多，有珍珠贝，大珍珠贝，马氏珍珠贝等，其中马氏珍珠贝虽然个头比较小，一般身长不超过10厘米，却是我国以及日本等国人工育珠的主要对象。它喜欢生活在浪静流缓、水清砂暖的海底，对水温的要求较高，必须生活在15～25度的水中，否则就很难正常生活，更谈不上育珠了。

　　广西省合浦附近沿海有很多地方具备这些条件，因此成为马氏珍珠贝生活和繁殖的首选之地，人们也在这里大量人工养殖马氏珍珠贝，培育珍珠。

　　合浦所产的珍珠即"南珠"，在世界上享有盛名，在国际市场上甚至还有"西珠不如东珠，东珠不如南珠"的说法呢！

◎ 水陆空之间 ◎

　　生灵们有的从海洋走向大陆；有的往返于水陆之间；有的从大陆飞向蓝天；又有一些动物重返大海成了海兽。

　　天地造化，变幻无穷。"水、陆、空"动物们在生存竞争中发展，给地球带来了无限的生动……

鱼类登陆和爬树

鱼生活在江河湖海里。这个道理恐怕连几岁的小孩子都知道。我国有这样一个成语"缘木求鱼"，意思是说如果要捕鱼，却爬到树上去捉，那是捉不到的。现在，人们用这个成语来比喻办事情如果方向不对，方法错了，就不可能达到目的。

然而，天下之大无奇不有。全世界两万多种鱼中，确实存在着能爬到树上的鱼。在印度和我国广东、云南、福建等省，确实有人爬到树上去捉鱼呢。原来，这种能离开水爬到树上的鱼，叫攀鲈。它的头部两侧长着大大的鳃盖，下缘有刺。胸鳍、臀鳍上更有坚硬的刺。攀鲈就凭借这些坚硬的刺支撑起身体，加上身体上肌肉的收缩和摆动，使它能在陆地上"走"，沿着树干爬到树上捕虫觅食。

我们知道，鱼的鳃只能在水中呼吸，对空气无能为力。但是，攀鲈鱼的鳃很特别，在它的鳃腔里长有像木耳样褶皱状的薄片，上面有丰富的毛细血管。它在陆地上能像人的肺那样呼吸空气，维持生命活动。

生活在印度尼西亚和我国广东、广西沿海滩涂上的"弹涂鱼"，也能上岸，几小时也不会死亡。弹涂鱼的胸鳍等发展得既粗厚又连在一起，长而有力，能在陆地上承担起鱼身的重量，发挥两只拐仗的作用，在陆地上行动。弹涂鱼离开水上岸几小时也不会死亡。另外，能登上陆地活动的鱼，还有非洲的肺鱼等。

有些鱼可以在陆地上生活几小时，有些则能生活几天，有些甚至能生活好几年。弹涂针可以在陆地上跳行，甚至还可以爬树；鲇鱼能在陆地上爬行好几天并呼吸着大地的新鲜空气。

生活在东南亚一些河口海滩的弹涂鱼，不仅喜欢从水中爬上岸来觅食，喜欢爬到那里红树林的根部去玩耍。更使科学家感兴趣的是，弹涂鱼在陆地上跑得迅如闪电，人要想提到它几乎不可能。

这种鱼长约15厘米，也是用腮来呼吸，身体呈完美的流线型，一对胸鳍非常强壮，在上岸走路或休息时用来支撑身体。

这种鱼能在陆地上飞跑的奥秘在于它的尾巴，它能把身体弓起，用尾巴的弹力将身体像箭一样射出。

印度和斯里兰卡的一些河池中，鲈鱼下部的鳍能像足一样在陆地上撑持爬行。它一上岸，嘴里常饱含一口水，使鱼鳃湿润，呼吸正常，可爬行数里，遇水池便连忙滚将下去。

在斯里兰卡有一种名叫"阿那巴斯·斯坝丁斯"的鱼，这种鱼完全无视在水中生活的自然法规，按照自己的意志跳出水面，登上堤坝，在干燥的地面上来回爬，有时竟到离开水边一公里半的地方去，一个星期和水隔绝，生命也丝毫不受什么影响。

这真是一种奇妙的鱼。把这种鱼的头切开来看，原来里边有形状像蜗牛壳一样的骨头，其中储存大量的水，从这里得到水分的补充，所以即使离开水面也不用担心。

在东南亚的沼泽区域里，包括新加坡，常常可以看到许多灌木上，有一尾尾的鱼儿用它们有力的胸鳍抓住树干，从容不迫地攀援上去，这种鱼叫"泥猴"。

我国西双版纳有一种会上山爬树的斑星鱼，这种鱼浑身青黑色，布满有规则的点点金星闪闪发光。它主要生活在山溪里，以小鱼小虾小虫为食。它不怕干旱，山溪无水半年一年也不会死去。它没有脚，可不论在山上或水里，都很难抓到它，因为它蹦跳的能力很强，一跳可达2～3米远。

这种鱼味道鲜美。傣家人视为久病外伤之补益良药。外伤，特别是内科开刀，吃了这种鱼，伤口好得很快，并一般无疤痕。

一般的鱼离开水以后，大都难逃死亡的厄运。但是，有一种会走路的鲶鱼，却能在干燥的陆地上存活好几个小时。因为在它们的鳃的后方有一种功能类似肺的特殊器官，能直接呼吸空气。

水陆两栖的蛙类

　　蟾蜍背部的皮肤粗糙而有疣粒，眼睛后面有一对能分泌白色浆液的毒腺。蟾蜍的毒液能强烈刺激其它动物的口腔粘膜，因此蟾蜍在光天化日下安然地爬行，蛇类猛禽和食肉类动物都不敢贸然碰它一下。

　　蛙类素来被誉为游泳高手，它们不仅能作标准的蛙式，还擅长紧闭嘴鼻进行远距离潜泳，可以长时间地不浮出水面换气，甚至在水下还能发出闷声闷气的叫声。它们何以能有如此娴熟的水性和高超游泳技艺呢？原来蛙腿的肌肉发达而强健，脚趾之间还有像鸭掌一样的蹼膜，以便它在蹬腿划水时能够轻易加快游速。蛙能长时间潜在水底下，关键是因为它背部的皮肤下边游密如蛛网的血管，能让水中的氧分子和血管里的二氧化碳分子互相渗透，蛙在水下停止用肺呼吸时，就靠皮肤来"呼吸"。据测定，在湿润的环境中，蛙体所需要的氧，大约有三分之一是通过它的皮肤摄入的，在水下或冬眠期间，完全依靠皮肤来获得氧。可以想象，蛙的皮肤对于蛙的生命有多么重要了。蛙类的体表缺乏象鱼、蛇、鸟、兽那样的鳞甲、羽毛等遮蔽物，不能防止体液的大量蒸发，所以蛙类除了分泌出一些黏液来保持皮肤湿润外，一般都生活在靠近水的阴湿环境里，而且还经常跳进水里，以保持皮肤湿润，便于呼吸。它们因此一般都无法忍受干旱的高温气候，裸露的皮肤还使蛙不能在含盐浓度3～7%的高渗性海水里生活。这就是为什么在沙漠、戈壁滩、雪线以上的山区，以及极地和大洋性岛屿上见不到两栖动物的原因。

　　蛙类是最先从水里进化到陆地上生活的脊椎动物。在动物分类学中，蛙类属于两栖纲、无尾目。蛙的种类虽多，但是都要经过幼体和成体两个阶段。幼体就是蝌蚪，它生活在水里，用腮呼吸，长有一条小尾巴，随后渐渐长出四肢，尾巴慢慢萎缩消失了，就能从水里登上陆地，改用肺呼吸。但它们的肺的构造很简单，像一个口袋，由肺吸入的氧气不能满足需要，因此还要靠皮肤帮助呼吸。

会飞的"爪哇飞蛙"

人们在印度尼西亚爪哇岛的热带丛林中，曾发现一种会飞的蛙。这种蛙的身体上下扁平，大脚趾间生有宽大的趾蹼，非常像蝙蝠的翅膀。它能利用它特殊的趾蹼在高大的树梢上像降落伞似的向下滑翔，它们在空中滑行距离可达10米以上，这就是著名的"爪哇飞蛙"。

飞蛙与大多数蛙类不同，它生活在树上，以树上的昆虫为食，属于树蛙的一种。飞蛙在"飞"之前，先用它的肺吸足空气，使身体膨胀变大，张开趾蹼，飞蛙的蹼膜也起降落伞的作用，帮助它从一棵高大的树上斜飞到另一棵树上。也有的直接飞落到地面上，但它们是不能从地面上起飞，这和飞鼠的飞行很相似，不过飞蛙的飞行速度并不快。

1957年在我国云南西双版纳地区附近首次发现了两种飞蛙：一种叫黑蹼飞蛙，与爪哇飞蛙属于同种；另一种红蹼飞蛙为一新种，均属于珍贵动物。

会上树的林中树蛙

在美洲的墨西哥、巴拿马、危地马拉等地区，就有一种非常漂亮而且奇特的树蛙，被人们誉为"林中仙女"。这种蛙原来生于水中，长在岸边，栖于树上。有鲜红的红眼睛，绿身子，橙黄色的四肢，背上还有一条细长的白色脊柱线，整个体色配合得十分和谐、鲜艳，远远看去，就像一个可爱的"仙女"在卖弄它的服装。据说它的这种美丽外衣是作保护色用的，它能随着周围环境的变化，不断地改换着它的体色，有时它伪装得很像树叶，有时又变得像一颗果实。真是一个出色的环境模仿家，难怪树蛙又有"变色树蛙"之称。

树蛙不仅是蛙类世界的佼佼者，而且在生理结构上也有独特之处。首先它的身躯很娇小，从头到尾，长度只有50～70毫米，在蛙类中虽不及雨蛙那样小，但是把它列为侏儒一类，倒也满够资格哩！其次是前后腿不一样长，后腿比前腿既长又富于弹力，足趾长得短而粗，趾间有趾膜相连，颜色为橘黄色或蓝色。

树蛙的另一特点是，旱季长眠，雨季活跃。据观察，它在雨季到来时，就成群结队地离开洞穴，四处活动。

1981年5月10日，台湾师大生物系教授陈世煌带着学生到台北调查两栖动物生态，晚上露营在翡翠水库旁的翡翠谷。夜里，他们听见一种奇怪的蛙鸣声，大家便好奇地打着手电筒循声追寻，最后在一家农舍旁的水桶里找到一只发出这种叫声的蛙。那是一只非常可爱的蛙：全身绿如翡翠，蛙背上有许多草绿色和黄绿色的细疣状条纹，突出的大眼睛发出金黄色的光彩，它像是绿玉雕琢而成的。

教授和他的学生们都查不出这只蛙的名称来，最后他们将它送往法国"自然历史博物馆"鉴定。经过多位生物学家的研究，证实这是从未发现过的新品种树蛙。因为这种树蛙体色像翡翠，又是在翡翠水库首次发现的，所以就命名为"翡翠树蛙"。迄今，翡翠树蛙仅发现了6只，而最早发现的那只已经被制作成了标本。

在澳大利亚也有一种树蛙，它的脚趾上都长这着一块具有吸附作用的肉垫，它们像壁虎一样，爬树如走平地，专门吃树上的昆虫和蜗牛，树上生树上长，以树为家。

蜥蜴与壁虎

蜥蜴在分类上属于爬行纲、蜥蜴目。现在世界上大约生活着3000多种，大多分布于热带、亚热带地区，我国目前已知的约120种。

蜥蜴的生活环境多样，多数为陆栖，也有半水栖、地下穴居或树栖。它们多以昆虫、蠕虫及软体动物等为食，大型种类也捕食鱼、蛙、鸟及鸟卵、鼠等，少数种类兼食植物。一般为卵生，亦有些种类为卵胎生。这类动物中体型最大的种类是生活于印度尼西亚科摩多岛上的科摩多巨蜥，长可达4米，重160余千克。我国南方及亚洲南部产有的巨蜥最长者也能达3米。

在动物分类学上，一般将属于爬行纲、有鳞目、蜥蜴亚目、壁虎科的动物都统称为壁虎。有660多种，约占蜥蜴的17.50%。它们的体型虽然小，可是却有一个颇大的头，并有一对适于昼伏夜出和在暗处观物的大眼睛。

我国最为常见的壁虎是分布在华北地区的无蹼壁虎。此类壁虎因其趾、指间无蹼而得名。除此之外，分布在我国中部的多疣壁虎、分布在我国东南一带的无疣壁虎和分布两广一带的蹼趾壁虎也较为常见。这几类壁虎只具有微小的局部差别，在外形特征上大致相似，尤其在生活习性上，它们更表现出相同性。比如昼伏夜行，以蚊、蝇等小型昆虫为食。故在黄昏、深夜灯光照耀、蚊蝇群聚处，壁虎尤为多见。壁虎名称的由来，大约是因为它们都能自如行动于墙壁之上且善捕蚊蝇之故。

壁虎和其它蜥蜴类动物的区别主要是：壁虎的指、趾端都较大，且在其底部具有褶襞皮瓣，这样使得每个趾、指端都变为一个吸盘，使壁虎具有在陡峭墙壁上爬行的特殊功能；另一个区别在于壁虎不具备眼睑结构，上、下眼皮不能自主地张合启闭。

最善变色的"变色龙"

一说起最善变色的动物，人们一定会猜它是"变色龙"。其实，避役就是变色龙。避役，是蜥蜴类动物。世界上的蜥蜴动物约有3千余种，其中有80多种能变色。避役是最善变色的一种。这类动物多数生活在非洲南部，马达加斯加岛出产最多，因此，该岛称为变色龙之岛。

岛上的避役，常常躲在深绿色的草丛中，身体的颜色跟绿草相映成一色。可当它爬上长满黄叶的树丛时，身躯的颜色就跟着变黄了。如果到了另一种颜色的环境里，它全身也能相应地变换颜色。

这种变色龙在欧洲和亚洲的南部也有少数分布。我国境内尚未发现。有人估计，在我国的云南和两广地区可能有少数的残留。

避役在一天里很少活动，它在树枝一趴就是一天一夜。虽然如此，但它却仍能吃得饱饱的。遇天敌危害时，唯一的"妙技"就是变色。变色既能保护它的安全，又能使它吃饱。避役行动缓慢，这是它严重的弱点，但由于有了这种巧妙的伪装，敌害就很难发现和捕食它。

据动物学家研究，避役在一个昼夜，能改变6~7次颜色，在太阳西下，夜幕降临时，它呈现褐红色，可与灿烂的晚霞比美；夜深人静时，它又以黄白肤色呈在"太白金星"的面前；东方发白时，它又以深绿的面貌出现；红日升出地平线时，它就披上桔红色的衣裳；日当正午，烈日当头时，它又披一身黄红色的衣服，静静伏在树枝上晒太阳。真是"神出鬼没，变幻莫测"。

它为什么能如此变色呢？因为它的皮肤组织内埋藏着七种色素细胞。这些色素细胞可以随着环境、光的强弱、温度的变化而变化，所以它对环境有较强的适应性。即使出现在人的面前，人往往也发现不了它。

奇怪的是，避役的两只眼睛能单独活动，不受牵制。当一只眼睛向上或向前看时，另一只眼睛却可以向下或向后看。

这样，它既可以用一只眼睛去注视捕猎物的动静，还可以用另一只眼睛去寻找捕捉昆虫最好的途径。

当昆虫在低空飞过，避役会像闪电似的从嘴里伸出一条长长的、圆筒般的舌头来，舌尖上的粘液把昆虫粘住，接着，舌头一卷，昆虫被吞进肚子啦！

遇到敌害到来，避役就装出一副威胁性的姿态：发出嘶嘶声，把肺扩胀开来，身躯变大，外表变成凶狠的样子，以此来吓退敌害。

科学家们最近认为，变色龙的变换肤色并不纯粹是为了隐藏自己，而是其身体对光和周围温度的反应。把一片蕨叶放在变色龙的身上，其皮肤上就会留下一个精致的蕨叶图案。使人更为吃惊的是，这种肤色的变换还体现了其情感的变化。

变色龙家族的大多数成员，居住在非洲本土和马达加斯加岛，通常都披着绿色和棕色的外衣。它们脾气不好，憎恨所有的伙伴，甚至于同类的伙伴，仅在繁殖期内才忍耐着进行接触。

变色龙根据其不同的情感会分泌不同的激素，正是这些激素控制了其肤色的变化。当两只变色龙在同条道路上相遇时，它们会由于对方的外貌引起本能的反感，尽力相互恐吓：张大嘴伸向对方，发出嘘嘘声轰赶。久而久之，失败的一方会在对方强有力的威胁下嗦嗦发抖，恐惧中肤色会变成灰白色，表示屈从认输。

科学家们认为，在这些激动的冲突中，是激素控制了其肤色的变换。变色龙皮肤上的颗粒状，有黑色素的斑点，这些黑斑在激素的作用下收缩扩张，引起半透明的皮肤表层发生变化。

尽管具有猛攻和感情激动的架式，但实际上变色龙却不具备什么战斗才能。雄性变色龙只偶尔发生扭斗，而通常，其中一只会匆匆撤退，为了避免一场真正的战斗，甚至不惜从树枝上掉下来，躲避到一个安全的地方。

恐鸟曾是不会飞的"鸟王"

很早就灭绝的隆鸟，身高近5米，原来生活在马达加斯加岛，马达加斯加民间至今还流传着有关隆鸟的传说故事。据说，鸵鸟蛋比鸡蛋大近20倍，而隆鸟蛋比鸵鸟蛋还大5倍，每只约重10千克。

隆鸟之后，最大的鸟就要算是恐鸟了。

160年前的一天，居住在英国伦敦的著名解剖学家查德·欧文在研究所接待了一位来自新西兰的医学博士，他名叫约翰·鲁尔。

约翰·鲁尔从新西兰给查德·欧文带来一块刚刚出土的骨骼，希望欧文能够判断出这是什么东西的骨骼，是人的？还是动物的？如果是动物的，那么又是什么动物的？

欧文仔细看了以后，初步认定这是块牛骨，但很快，他对自己的判断产生了怀疑。鲁尔走后，他又经过多次观察、分析，以及和博物馆里收藏的各种动物标本进行比较，终于彻底推翻了自己的推断，认定这是块鸟类的骨骼。

至于是什么鸟类，欧文一时无从知晓，不过，他可以肯定这种鸟没有翅膀，不会飞翔，行动迟缓，而且现在已经灭绝。

"恐鸟"这个名字并不是欧文当时就取出来的。四年很快就过去了，欧文在这四年里又经过大量的研究、鉴定，确定这种已经灭绝的鸟生前长得十分高大，令人恐怖，所以，他决定为这种奇特的巨鸟取名"恐鸟"，意思是"恐怖的鸟"。

恐鸟没有翅膀，身体高达三至四米，比鸵鸟还高。从已出土的恐鸟遗骨推断，它曾主要生活在澳洲的新西兰。新西兰土著毛利人称恐鸟为"摩亚"，据毛利人说，摩亚体重如马，身高如象，所以，他们又称摩亚为"鸟中之王"。

目前，新西兰的奥克兰博物馆里还存放着恐鸟标本。凡是参观过的人无不惊叹道："原来世界上还有比鸵鸟还大的不会飞的鸟！"

恐鸟是在什么时候灭绝的呢？从挖掘出土的恐鸟遗骨推断，500年前，新西兰的大片土地上都有恐鸟的踪迹，后来就没有了，这就是说，恐鸟在地球上消失，约在500年前。

据推断，当时，自然界的敌害没有像现在这么多，恐鸟悠闲地在草原上吃着青草、鲜花，很少有敌害来打扰。那么，它们为什么会那么快就灭绝了呢？关于这个问题，目前流传着三种说法。

第一种说法是：恐鸟是在一次大火中被毁灭的。

持这种说法的人这样说：1350年前后，毛利人在族长塔马提亚的率领下，乘坐七艘大独木舟，来到了新西兰这块还未被开发的土地上。因为这里始终无人居住，所以，灌木丛生，爬行动物横行。为了能在这块土地上安居乐业，长久住下去，塔马提亚族长下令手下放火烧林，想一把火烧掉灌木，烧死各种爬行动物。让毛利人想不到的是，就这一把火，把恐鸟全部烧死，使恐鸟在地球上绝迹。

第二种说法是：恐鸟是因吃小孩而被消灭的。

持这种说法的人这样说：毛利人作为新西兰最早的主人，来到新西兰后，在这里建立家园，开荒种地，繁衍生息。原先，他们并不伤害恐鸟等动物，只消灭一些有害的爬行动物。但后来，他们发现恐鸟不仅吃他们种植的农作物，更吃他们的小孩，因而一怒之下，他们就彻底消灭了恐鸟。

其实这种说法是站不住脚的，因为据研究，恐鸟和鸵鸟一样只吃素，不吃荤，它们根本不可能吃小孩。不过，这只是一种说法，我们姑且听之，不要当真就是。

第三种说法是：恐鸟是被毛利人当作美味佳肴，吃光了。

这种说法才应该是恐鸟灭绝的真正原因。证据是：

1. 在今日的毛利人后代中，流传着他们的祖先用恐鸟肉作筵席的传说；

2. 考古学家在出土的毛利人锅灶内，找到不少烧黑了的石块和烧焦了的恐鸟骨骼，证明毛利人的确吃过恐鸟肉；

3. 人们在许多地方都发现过被钻了孔的恐鸟蛋壳，毛利人用这些蛋壳当作盛水容器。

这些证据足以证明，恐鸟是当时毛利人捕杀的重要对象。毛利人不仅吃恐鸟蛋，并用恐鸟蛋壳作盛水容器及其它家庭用具，而且特别爱吃恐鸟肉，他们把恐鸟肉当作接待宾客的最好美味。

据分析，毛利人宰杀恐鸟后，吃它们的肉、蛋，还用恐鸟的皮作衣服，用恐鸟的羽毛作装饰物，用恐鸟的骨骼作日用品，用恐鸟的蛋壳作葬礼的祭品。

总之，毛利人为了自己的生存，不惜疯狂屠杀恐鸟，终使恐鸟在地球上消失殆尽。所以说，恐鸟的灭绝完全是人为造成的。

海中生活的海鬣蜥

在厄瓜多尔加拉帕戈斯群岛的海岸上，栖息着一种其外貌像史前的爬行动物，它们是海鬣蜥，是世界上惟一能适应海洋生活的鬣蜥。它们和鱼类一样，能在海里自由自在地游弋。它们喝海水，吃海藻及其它水生植物。

加拉帕戈斯群岛的海鬣蜥共分7种。这种爬行动物的身躯比较长，最长的可达1.5米以上，群岛东南部的西班牙岛的海鬣蜥与群岛其它6种鬣蜥，有着明显的差别，其雄性海鬣蜥身上有红、黄、黑三色相间的斑，腿、足和冠则呈暗绿色，而群岛其它岛屿的海鬣蜥身上没有花斑，通身呈绿色或黄色。

西班牙岛的雌性鬣蜥生完卵并不马上离开穴，而是待在里面看守自己的卵，直到孵出小鬣蜥为止。其它岛屿的雌性蜥生完卵，用土把穴口一堵就扬长而去。

动物学家们认为，加拉帕戈斯群岛的海鬣蜥是由陆生鬣蜥进化而来的。

在漫长的进化过程中，它们的形态发生了一系列变化。最明显的是，它们的尾巴比陆生鬣蜥的尾巴长得多，这使得它们能在水里随心所欲地游动。爪子也比较锋利，而且呈钩状；这样，它们不仅能牢牢地攀附在岸边的岩石上，不被大浪卷走，而且还能在有大海流的海底上稳稳当当地爬来爬去，寻找食物。

加拉帕戈斯群岛的鬣蜥还具有一些有趣的生理特点。例如，在它们的鼻子与眼睛之间有两个腺，这两个腺能够按一定周期把体内多余的盐份排出体外。但是，最有趣的是，这种爬行动物能自动调节心律：下潜时，心律减慢；升到水面时，心律加快。在预感到鲨鱼即将来临时，能立即停止心脏跳动，使敌人不易发现。科学家曾做过这样有趣的试验：在一只海鬣蜥身上安装一个微形遥控探测器，然后，把它放进海里。当科学家从远处向它发出危险信号时，它立即停止心脏的跳动，停跳时间竟长达45分钟。

海鬣蜥的皮很坚实，可以制作精致的皮鞋、皮箱、旅行袋等。这种皮货在国际市场上颇有销路，价格也相当昂贵。

龟从两栖到爬行

龟和鳖、蜥蜴（即四脚蛇）、蛇、鳄这样一些动物，都属爬行动物，它们在动物界隶属于脊索动物门、脊椎动物亚门、爬行纲。

爬行动物可以说是体表被覆角质鳞片或盾片的脊椎动物。说到爬行动物的历史，就要追溯到3亿年以前了。

那时，地球上生活着原始两栖动物石炭螈类。最初的爬行动物就是从石炭螈类的一支演化出来的，它们在两栖纲有机结构的基础上，具备了对陆地环境的更完善的适应特征：比如五趾型的四肢更发达；肺进一步复杂化；没有皮肤呼吸；头部能灵活运动；具有活动的上下眼睑；神经系统更发达等。最主要的，它们的体表不再裸露，身体覆盖着以角质发达的鳞片或盾片，缺乏皮肤腺，有利于在干燥环境中生活并减少蒸发。这些都使它们摆脱了对水的依赖，逐渐适应陆地生活。

爬行动物出现的早期，与它们的祖先——古代两栖动物并存着，互相抗衡了一段时期。随着不断地进化，爬行动物的势力越来越强，逐渐压倒了古代两栖动物，而成为主要的动物群。

在第三纪开始的时候，绝大多数爬行动物（包括恐龙）都遭到横祸而相继灭绝，而龟鳖等一些爬行动物却侥幸生存了下来。

随着时间的推移，另一类有机结构更完善、更高级的动物——哺乳纲从爬行动物中形成了，逐渐取代了爬行动物成为地球上占统治地位的动物群。

尽管如此，龟鳖等极少数爬行动物仍然顽强地与哺乳纲动物并存着，一直延续到现在。

扬子鳄奇特的呼吸功能

扬子鳄不仅能在陆地上生活，连续不断地呼吸空气，而且也能像鱼儿那样生活在水中。

扬子鳄除了它的咽喉生理机能颇为特殊外，它的呼吸功能也很特别。

那么，扬子鳄在水中是怎样进行呼吸的呢？

扬子鳄的两肺，是可张可缩的。张时则较大，最大时如排球般大小。缩时则很小，犹如乒乓球的形状。这一张一缩之间，体积就相差有数十倍。

平时，扬子鳄的两肺，只要灌满了空气，它就可以藏身水底数小时，而不用浮出水面进行呼吸。当其冬眠时，甚至可以连续几个月不用呼吸。所以，扬子鳄的呼吸，就在于它不是连续性的，而是出现了"通气期"和"不通气期"的两种机能。

在通气期，扬子鳄进行正常的呼吸运动。在不通气时，则呼吸运动停止。正因为扬子鳄具备了这种异乎寻常的肺功能，才使它能像鱼儿一样，长时间地生活在水底下。

与扬子鳄的咽喉部独特形态结构及生理机能一样，它奇特的呼吸功能使它多了种生存竞争的本领。

凶恶的"活化石"湾鳄

在人们的印象中，鳄鱼总是一种凶恶异常的动物，其实鳄类中也有温顺的种类。在世界上25种鳄类中，我国的扬子鳄，就是温顺的一种。而鳄类中最大的鳄鱼——湾鳄，却是凶猛残暴的一类，是一种吃人鳄。特别是在它们繁殖的季节里，更是比平时凶猛十倍。

湾鳄是世界上最古老的动物之一，有"活化石"之誉。早在一亿四千万年以前的白垩纪，湾鳄就在地球的各地默默地生息着。

如今，它们仍然顽强地生活在东南亚沿海、澳大利亚深海、卡奔塔利亚湾、巴布亚湾、俾斯麦等海区。在每年六七月份湾鳄繁殖的季节里，在上述一些海湾的水面上，巨大的湾鳄头，多得像是我们东北地区高粱地里的"高粱茬子"。其中，6～8米长的比比皆是。

澳大利亚的湾鳄，与非洲、南美洲的湾鳄不同。它们体长一般都在六七米左右，最长可达10米，重量则逾千斤以上，是现存鳄类中最大的一种，也是当今爬行类动物中的庞然大物，素来被称为"爬行类动物之王"。

过去曾有人作过这样的估计，仅在澳大利亚北部，就曾有过100万条湾鳄，但由于近年来人类的过度捕杀，这种巨鳄已经少见了。特别是长达10米以上的湾鳄，多年来都未曾发现了。

迄今为止，历史上最大的狩猎纪录，是19世纪在菲律宾海面捕到的一条长达10.058米的湾鳄。

然而即便如此，它也比地质时期的古鳄类小得多了。我们从已存的鳄鱼化石上可以看到，地球上曾生存过一种"怖鳄"，其长约为15.24米，比今天的湾鳄还要长三分之一多。

地球上现存的鳄类，绝大部分都生活在淡水的湖泊、河流之中。而只有湾鳄可以生息于海水里，其中以澳大利亚北部的卡奔塔利亚湾，至巴布亚新几内亚的海滨为最多。

湾鳄因为是鳄类家族中，唯一能生活在海水中的种类，所以又称为"咸水鳄"。除了这个别名外，它还有一个更令人发指的可怕名字——食人鳄。

湾鳄的颜色多为橄榄色或黑色，它性情懒惰，残暴贪婪，显得十分凶狠。

据解剖后发现，每条湾鳄的胃里，都装着一把石子，专门作为消化大动物的助磨工具。在澳大利亚北部和巴布亚新几内亚地区，湾鳄每年都要吞食一些人和大动物。据说有人在非洲捕捉到过一条4米长的鳄鱼，剖开它的肚子后，竟然发现8串珍珠、一对银耳环，还有一些170年前流行的饰物。另有一条体长5米的湾鳄，在被捕获剖开肚子后，也发现有银手钏、脚钏、小孩子的破衣服、银币和人发等。

澳洲湾鳄常常埋伏在海岸草丛或泥滩中，仅露出一对小眼睛和小鼻孔。只要一有人和动物靠近，它便突然冲出水面，把被捕者拖入水中淹死。然后张开有力的上下腭，一口把动物或人咬为两段。有时它找不到肉食时，竟会吞吃同种的小鳄鱼。

据报道：1979年，在纽伦堡附近，有一条13英尺长的湾鳄，袭击了一个潜水运动员。当时这个运动员的妻子，站在沙滩上眼睁睁地看着丈夫在湾鳄嘴里拼命挣扎、耳听他尖厉呼救、最终死去而束手无策。

数小时后，人们在靠近人海口的一条河岸上，发现了死者的尸体。

据警方分析，这条鳄鱼很可能是把尸体拖到那里后，打算晚些时间再来吃的。另外，尸体上只有几处轻伤，看来死者是被鳄鱼淹死，而不是用牙齿咬死的。

这类报道早在上个世纪就曾传播过：有人在菲律宾海面，捕捉到一条身长10多米的特大湾鳄。渔民从它的胃中，剖出一些铜扣、手镯等物品，表明它曾吃过人。

鳄鱼在吃食时，从不咀嚼，而是鲸吞。有时遇到较大的动物，不能整个吞下时，它便咬住动物的躯体，用劲在岩石或树干上摔打，直到摔成碎块，再吞而食之。

鳄鱼一旦吃饱了肚子，它就会爬上沙滩昏昏欲睡。有时也会潜游于水底，一连十几个小时不露面。

别看鳄鱼常昏睡不动，但其听觉和视觉却是极其敏锐的。每当有动物接近时，它都能及时发觉，并出其不意地袭击对方，真是一个能纵能扑的捕食巧手。

由于这些原因，鳄鱼历来就是世人经常咒骂的动物。

湾鳄的生殖很有趣。每次产卵三四十枚，最多可达60枚，个个都像鸭蛋那么大。雌鳄在产卵前，总要先做一番准备，在选定的岸边，建筑一个"产房"，其内铺有树叶、干草等物。

产卵之后，母鳄就把蛋藏在事先准备好的树叶干草之下，自身伏在上面孵卵，连续孵化60多天后，幼鳄即破壳而出。但也有的湾鳄自己不去卵，而是把卵放在水边的沙穴中，靠太阳光照射的温度自然孵化，幼鳄也会自己从卵内钻出来。

雌鳄在孵卵期间是极其凶恶的。这时如有其它动物靠近，它就会像"拼命三郎"那样，与这个动物斗个你死我活。

幼鳄出生后，体长只有六七寸左右。开始时它很弱小，主要靠母鳄背负着去外边觅食。等到半年后，它才能离开母鳄去独立生活。幼鳄长得很缓慢，15年左右才能长到六七十厘米长，30年后也只有一米多长。

而一条10米长的湾鳄，它的寿命起码是二三百年以上。难怪有人说，湾鳄是世界上最长寿的水生动物。

湾鳄虽然凶猛异常，时常袭击人畜及其它动物，但它却又是一种宝贵的经济资源。湾鳄的皮是一种稀有的高级皮革，可以加工成名贵的皮鞋、裤带、时髦的妇女手提包和其它装饰品。湾鳄的肉味道鲜美，营养丰富，还可以入药。鳄鱼骨骼含有丰富的磷和钾，可以作为化工原料，伊里安岛上的土著居民，更喜欢用湾鳄的牙齿制作装饰品加以珍藏和佩戴。

从陆地重返大海的海豹

海洋中生活着许多动物，它们共同构成了一个庞大的海洋世界。这些动物中单兽类就有一百多种。

其中，海豹、海狗、海狮、海象等，它们的祖先原来在陆地上活动，后来迁居到海里，并且在海洋中世世代代地生活下去。为了适应海洋中的生活，它们的四肢逐渐变化成了鱼鳍的形状，所以生物学家称它们为鳍脚目的哺乳动物。其中，海豹是种类最多的一种。

作为鳍脚目动物的一员，海豹有着适宜于水中生活的外形。它的身体外壳极为光滑，身上没有什么明显的突起或凹陷，甚至连外耳也没有，几乎成了完全的流线型。

海豹的体型和鱼一样呈纺锤型。它的头部圆而平滑，没有明显的颈部，两只大眼睛能看清水中和空中的物体，听觉、嗅觉也很灵敏。

它的身体肥胖浑圆，头尾两端渐小，显得非常憨厚可爱，同时，这种体型非常适合在水中快速地游泳或潜入到水底觅食。

它的体色斑驳，多数海豹的灰黑色的身上布有灰棕色或灰色的斑点、条纹或斑块。它的毛很稀疏，针毛短密，但是足以抵御强风和严寒。海豹的皮下脂肪层很厚，不仅可以抵御严寒，而且还与皮肤结成一层柔软层，能够在快速前进的时候对产生的"涡流"起缓冲作用，这样就大大地减少了海豹游泳时受到的阻力。

它的鼻孔和耳孔，都有肌肉性活动瓣膜，当它潜入到水下时，这些活动瓣膜便关闭起来，防止海水的侵入。

海豹的上唇，生着许多的触须也可以称它为感觉毛。毛的囊部，有三叉神经的分支通入。所以，它的感觉很灵敏。

据说，海豹能利用超声波定位，即使在黑暗的环境里，它也能借助触须探知哪儿有食物，或者受到伤害时它该向哪儿逃跑。

海豹的四肢发育很差，它们已经大大缩小，可以说只剩下了手和脚。前后脚都演化成了短短的鳍足，前肢短小，而且长有毛，后肢大而且呈扇形，与尾巴相连。

它们的后鳍肢在陆地上很少使用，但在水中却是主要的推进器。

海豹体重大约在80～450千克，最大的雄海豹体重可超过3000千克。

海豹更适于水中生活，当它离开水，在陆地上或冰上行走时，动作就显得十分笨拙，呆头呆脑的。

海豹流线型的身体在陆上或冰上行走时，不能支配自如，胖乎乎的好像一条大蠕虫在扭动。后鳍肢已经没有什么作用，紧紧地缩在身体下方，只能靠前肢稍微起一点推动作用，一蹭一蹭缓慢地向前匍匐前进。如果说海豹的四肢在陆上或冰上还有一点什么作用的话，那可能就是支撑一下海豹庞大的身体了。尽管如此，海豹在陆上爬行的速度依然可以达到每小时10公里以上。

当它回到海洋中后，它就犹如进入了自由的天地，俨然是水中的主宰了。

海豹的游泳技术比其它动物优秀许多，它的游泳速度是每小时22～28公里，最高为每小时37公里。在水中，它的两只后脚紧紧靠近，竖立起来，始终向后伸，就像潜水员的两只脚蹼，也像鱼的尾鳍，游起泳来，两只脚在水中左右摆动，推动身体迅速前进，游得非常轻松自如。而且，海豹的尾巴短而扁平，起不到掌握方向的作用，所以就由后肢担当了桨和舵的双重功能。

海豹不仅游泳本领突出，它的潜水能力也很强。能够下潜到水下500多米的深度，仅次于鲸类的下潜深度。一般情况下，海豹可下潜到100米的水深处，在深水海域中甚至可以下潜到300米的水深处。

海豹的潜水时间一般是5～6分钟，它们还可以潜入水下长达二三十分钟。

我们为什么要强调海豹在水下的逗留时间呢？也就是说海豹为什么要浮出水面呢？这是因为海豹毕竟不是鱼，它是哺乳动物。作为哺乳动物，海豹具有哺乳类动物共有的一些特征。例如：繁殖方式为胎生，用乳汁哺育幼仔，全身密被短毛，体温恒定等等。同时，又只能用肺来吸取空气中的氧气，而不能像鱼那样用鳃吸收溶解于水中的氧。正因为这一点，海豹在水中需要时常将头浮出水面进行呼吸。

在海豹聚居的海域中，时常可以看到一些海豹将头探出水面，不断地左右张望，看看海面上有什么动静。这是海豹警觉性的体现，也是他们透气、进行呼吸的需要。

海兽的祖先是谁

地球上的生物都起源于海洋，海洋孕育了生命，而后，一部分生物由海洋到了陆地。当然，这其中经历了很多亿万年的演化。但海豚有些与众不同，它成为哺乳动物后，又重新回到了海洋，以至于和陆地完全地脱离。

海豚除了体形和在水中生活这两点上与鱼类相近外，它们身体的许多特征都表明是哺乳动物。在X光照射下，海豚的胸鳍还保留着上臂、手掌、手指等骨骼形状，身上也有大腿骨的痕迹，从而看出它们的四肢已经退化了。

在海豚的胚胎发育过程中，还发现它原先的鼻孔和哺乳动物一样生长在面部的前端，并且还出现了后肢，从这些地方我们都找到了海豚是哺乳动物的特征。

海豚是鲸这个家族中的成员，那么鲸类又是由哪些动物演化而来的呢？

有人认为，鲸类起源于某种已经灭绝了的有蹄类动物。但大多数科学家认为，鲸类起源于白垩纪时的原始食肉类动物。它们之所以从陆地来到海洋，是因为这个时期地球上发生了巨大的变化。白垩纪也称为"褐煤时代"，这时的哺乳动物处于兴旺之时，但原始的食肉类动物所生活的陆地因地壳的运动而成为海洋。这些动物回到了水里，几百万年后，有些物种不能适应这种变化而灭绝了，但鲸类却生存了下来。

从陆地到海洋，鲸类运动时的阻力增大了800倍，它们的身体逐渐变成流线形如鱼雷状。身体结构也有了重大的变化，前肢变成了扁平的桨状的胸鳍，掌握上下、左右、停止等方向。后肢消失，身上的皮毛也退化了。

也有人假设，鲸类最初应是两栖动物。后来经过演变，才成为现在只出没于海中的生物。

据报道，美国的古生物学家已发现了最古老的鲸化石，埋葬于巴基斯坦境内的喜马拉雅山麓的岩层中。当时，挖掘出来的还有其它的陆生和海洋哺乳动物的骨骼，而此地曾是海岸线，因此，说鲸类源于水陆两栖动物不是没有根据的。

在北美洲、非洲和新西兰一带又发现了许多距今4500万年前的古鲸化石。它们的体形又细又长，像鳗鱼一样，从胸鳍和后肢大腿骨来看，很接近于它们的祖先。它们的鼻孔也更接近嘴部。

科学家们在美国路易斯安那州发现的一具古鲸化石，距今约4500万年前，体长17米，骨骼坚固，胸鳍比现代鲸更长，鼻孔靠近前方，从而证明鲸类的祖先是生活在陆地上的。

科学家曾经把白垩纪时期的食肉类动物的牙齿和古鲸的牙齿相比较，觉得它们极为相似，人们推测它们有一些血缘关系。

但有些学者认为，现代鲸和古鲸根本不属于同一类。它们的祖先也不相同。

对于海豚的起源问题众说纷纭，但科学家们仍在不懈地探索，希望有一天能真正找到问题的答案。

海豚能听懂人的语言

海豚的脑很大，脑的形状、容量以及脑回数量，都像人脑，具有良好的记忆力。

人们根据海豚的这一特点，决定对它们进行语言训练，看看它们能否听懂人的语言。

人们挑选了两头较聪明的海豚，先教它们单词，比如"拿球"、"铁环"等。海豚不负众望初步掌握了近30个单词。

人们又继续增加难度，让它们理会5个单词组成的短句，比如"铁环拿上来"，海豚便沉入水底将铁环取上来，又如"用铁环套球"，海豚就机灵地用铁环套住球。

训练员如果按照一定顺序向海豚发出号令，海豚总能正确地按要求去做，好像能听懂人话似的，乖巧可爱。

同时，海豚常喜欢与人进行交流，你可以听到这两头海豚在完成指令后，发出各种声音，如"嗡嗡"声、啸叫声、粗叫声、"咔嗒"声等，而人们却不明白它们的含意，只能去推测，也许是要人们的赞扬，也许是要奖励。

如今，动物学家们正在对海豚的"语言"进行分析，希望有一天，人类和海豚能自由地交谈，从而成为真正的朋友。

古代鲸是长腿的

　　古代的鲸是长腿的，这是千真万确的。近年来一些古生物家发掘出来的鲸化石，证明了这一点。

　　科学家在埃及沙漠挖掘寻找鲸的化石，因为埃及沙漠曾被大海覆盖，他们希望发现一些古代鲸的鳍状肢，然而却意外地发现了鲸的后腿和脚。这些腿脚是一具完整的鲸的骨骼标本的一部分。

　　随即便有一个问题提出来了：莫非古代鲸鱼是用腿脚在水底行走的吗？以动物学家菲利普·金格兰奇为首的课题研究小组对此做了深入的研究，结果发现鲸鱼的腿脚小得不合比例，既无助于鲸在水里游泳，也不能支撑其庞大的躯体在地上行走，初步推断它们是鲸的陆地祖先退化了的器官。

　　1978年，一批科学家在巴基斯坦的科哈特县一个叫乔拉基的地方，发现了一批动物化石，其中有一块颅骨的后半部分，长45厘米，宽15厘米，距今已有5千万年。从这块化石可以判断出这种动物身长1.8米，重约150千克。除了半块颅骨化石外，还有几块下颌骨和一些牙齿的化石。

　　由巴基斯坦、美国、法国科学家组成的一个国际研究小组，经过5年的研究，最后断定这是最原始的一种鲸鱼的骨骼化石。

　　发掘出的这些鲸化石的红色沉积层具有典型的大陆环境地质特点，而不是海上环境的地质特点，且与这些鲸化石一同被发现的所有其它动物化石，都是陆生动物。再从鲸化石本身的结构特点来看，以它的内耳结构不可能听清水下的声音和辨别水下声音的方向，也不可能深潜或者像今天的鲸那样在水下待那么久。

　　由此种种，科学家们推断：鲸的祖先是陆地上的哺乳动物，它们以肉和鱼为食，栖息在海边，后来它们为丰富的鱼类和其它水产动物所诱惑，便逐渐迁居海洋，最后便成了海洋动物了。

　　所以鲸鱼曾经长腿长脚就不奇怪了。

美洲河流里的飞鱼

　　淡水飞鱼住在美洲东海岸的丘尔斯河里，它们有一个共同的特点，就是飞跃。在体形方面，飞鱼一般都呈流线形，胸鳍发达如翼，尾鳍下叶长于上叶，这些都是为了适应飞跃的需要。如果你航行大海中，就会看到一些飞鱼，以极大的速度，跃出水面，张开翼状胸鳍，在那里进行自由滑飞。

　　美洲东部河流里的淡水飞鱼，与海洋飞鱼比较，它还有更高超的一招，就是齐跃。每当夜幕落地时，这些飞鱼便成群结队地向水面上飞跃。特别是日全食时，丘尔斯河上的淡水飞鱼，更是一齐向水面飞跃，好像它们经过"协商"，共同制定一个"齐跃"的章程。如果你能碰上日食，目睹一下这种飞鱼齐跃之壮观场面，那该是一生中难遇的奇景啊！

会上树的椰子蟹

蟹类中有一种蟹叫椰子蟹，这种蟹之所以被称为椰子蟹，并不是说它长得像椰子，而是因为它能够爬到椰树上去采摘椰子，而且又特别爱吃椰肉。

椰子蟹是陆地上最大的蟹，它长得和我们常见到的海蟹、河蟹差不多，但是个头要大得多，最大的几乎要达到半米长。这种蟹的两个大螯长得不一样大，左螯足要比右螯足大一些，有的甚至还悬殊很大，看来，椰子蟹还是个"左撇子"呢。不过，椰子螯不仅大螯厉害异常，它的步足也很派得上用场。如果不小心的话，椰子蟹用步足就能将冒犯它的人的手臂上的肉撕下一大块来。所以在捕捉椰子蟹的时候，人们都是小心翼翼的。

椰子蟹是巴西著名的蟹类之一，它与一般的蟹不一样，既不生活在海里，也不待在淡水中，而是居住在陆地上。因为这种蟹的鳃腔内壁有许多丛血管，能够帮助它呼吸，从而拥有了在陆地生存的条件。但是这并不说明椰子蟹从不到水里去。事实上，每年繁殖季节到来的时候，椰子蟹就会从椰树上爬下来，有的从地洞里钻出来，纷纷回到江河湖海中去，它们在那里产卵，完成繁衍下一代的任务。由卵孵化而来的小蟹由于生存能力还较差，不能像"爸爸"、"妈妈"一样立即又回到陆地上去，所以它们仍旧得待在水里，直到长到一定程度后才能沿着父母的足迹，从江河湖海回到原来的椰树丛中去。所以，椰子蟹虽然在陆地上生活，但其实"水"才是它的故土。

椰子蟹摘吃椰子也是件很有趣的事情。巴西的椰林长得很茂盛，椰树很高，椰果也很大，采摘这样的椰子也不是件容易的事。可椰子蟹对这样的困难却毫不在意，它们看到椰树越高，椰果越大，心里才高兴着呢，因为，采摘椰子正是它们的拿手好戏。

首先，椰子蟹会凭借它那锋利的步足一步一步地爬到椰树上长有椰果的地方，看准了之后，就伸出它的大螯足象剪东西一样剪椰子柄，直到剪断后，椰果掉到地上为止。当然，椰果的壳又厚又硬，掉在地上是不会破的。可椰子蟹也不着急，它再慢慢地从椰树上爬下来，爬到椰果旁边，看准椰果的芽眼后就使劲地用大螯往里戳。芽眼是椰果最柔嫩的部位，当然经不住椰子蟹的猛烈进攻。不多久，椰壳就被敲破了。这下子，椰子蟹就可以很得意地夹椰肉吃了。

其实，椰子蟹也并不只生长在巴西椰林里，南洋群岛和我国的台湾省都出产椰子蟹，不过个头相对小些而已。

在巴西，椰子蟹特别受人们的喜爱。因为它们不仅能帮助人们摘椰子（虽然不是有心的），而且椰子蟹的肉味也很棒，所以，巴西人对椰子蟹可真是"爱不释手"哩。

蛇靠鳞片爬行

　　蛇是脊椎动物里的爬虫类，大约在1.3亿年以前从蜥蜴进化来的，有人说蛇是爬行动物世界的迟到者。世界各地几乎都有蛇的踪迹，但它主要分布于热带地区，以亚洲的数量为最多，而在南极、北极以及少数海岛，如新西兰、爱尔兰、冰岛、夏威夷等地则不见蛇的出没。

　　蛇这种动物没有一只脚，所以"画蛇添足"的笑话已经相传了几千年。蛇虽然没有脚，但它却能爬行，原因并不在于它有400多根肋骨，这些肋骨本身不能移动，是肋骨周围的肌肉给了蛇移动能力。蛇如果仅仅依靠这些肌肉仍然是不行的，蛇之所以能很优美地呈波浪状地爬行，主要原因在于它腹部下面的鳞片。这些鳞片与鱼鳞片不同，是由皮肤最外面的一层角质层变成的，所以我们叫它角质鳞，而鱼鳞片是由皮肤最里面的一层真皮层变成的。蛇的鳞片比较有韧性，不透水，并随着身体的长大而长大。

　　蛇的爬行速度大约是每小时6.4公里，如果它知道后面有人或动物追赶，它会爬得更快。什么蛇的爬行速度最快，有很多说法，有人说是黑细鳞树眼镜蛇，也有人认为是非洲的花条蛇。

　　人的皮肤隔一段时间就会自行蜕落，蛇也一样，不过，人每次蜕落的皮肤只是很小一部分，而蛇则不同，它每次都是将全身的皮肤蜕下来，就像女孩子们脱长筒丝袜一样，整个翻过来往后脱。蛇在一年中会蜕皮好几次，不仅蜕身上的皮，就连眼睛周围的表皮，也会经常换新皮。它在蜕皮时，旧皮从头部开始脱落，最后蜕下的是一张完整的皮。蜕皮能帮助蛇去掉身上的寄生虫并使它长大。春天，蛇的身体长得很快，蜕皮的次数也就相应增加。一般来说，蛇两三个月就蜕一次皮。

　　蛇每蜕一次皮，新长的鳞片就会比原来的要大许多。蛇鳞片有两种：一种在蛇腹面中央，较大则呈长方形，我们叫它腹鳞；另一种在腹鳞的两侧以至到背，形状较小，我们叫它为体鳞。

　　蛇鳞对于蛇来说作用是很大的，每当它想往前爬的时候，它的肋皮肌就进行收缩，从而引起肋骨向前移动。因为腹鳞通过肋皮肌与肋骨相连，肋骨一动，腹鳞片就会竖起来，像一只只钉子一样抵住地面，也就像人的脚一样立在地面，然后，它再左右扭动身体，并且一伸一缩，就往前进了，这就是蛇虽然没有脚却能爬行的原因。蛇鳞不仅能让蛇自由前进或后退，还能防止蛇身体内部的水分蒸发以及保护身体不受损伤。

　　我们常常会看到蛇在前进时，身体会呈波浪状，这是什么原因呢？原来，蛇的椎骨上除了一般的关节突外，在身体前端还有一对椎突，与前一椎骨后端的椎弓凹构成关节，这样不仅使蛇的椎骨互相连接得更牢固，也就能使蛇的身体可以左右弯曲，因而，它在运动时身体就出现了波浪状。

生活在海洋里的海蛇

全世界有海蛇50多种，一般长度在1.3至1.7米，最长的约3米。海蛇完全依赖于海洋生活，甚至海蛇妈妈生小蛇，都是在海里，它一般每次生6条小海蛇。为了适应海洋环境，海蛇的头一般都很小，用来探测岩石和珊瑚缝隙，寻找小鱼，它们的尾巴扁平，在海洋里能起到桨的作用，同时，扁平的尾梢还有提供阻力的作用，以阻止它在攻击时向后滑动。海蛇的鼻子由一片不透水的瓣膜封闭，所以，它是一个很好的"潜水员"，可以潜入水底长达1个小时以上，不过，它总是隔一段时间就浮出水面呼吸一些空气。

海蛇是有毒蛇，它的毒液损害神经，使人瘫痪，直至死亡。对于海蛇神经毒素，目前还没有什么特效抗毒药。不过，海蛇一般不主动攻击人。每当有潜水员潜入海底时，海蛇总是会很好奇地游过去，细细打量潜水员，只要潜水员不逗它，它多半不会攻击潜水员。

蝙蝠"似鸟非鸟"的传说

蝙蝠是个奇妙的动物，像鼠不是鼠，是兽却会飞。

据说，在很久的远古时代，有只蝙蝠不小心掉到了地上，它扑打着翅膀，正准备起飞，却被一旁的黄鼠狼看见了，上去就咬住蝙蝠不放，眼看蝙蝠就要性命不保，急得它连连求饶。

黄鼠狼说："我怎么会饶你？我一生下来就和鸟是死对头！你今天落在我手，必死无疑。"

蝙蝠一听，灵机一动，马上随机应变地郑重声明道："你别看我能飞，就以为我是鸟，你仔细看看，我是老鼠哩！"

黄鼠狼半信半疑，看看这个小家伙的嘴脸，也确实不大像鸟，倒真有点像老鼠呢，于是就把它放掉了，这只蝙蝠终于死里逃生。

可是，这只蝙蝠是一个冒失鬼，不当心又一次失误落在地上，不巧又被黄鼠狼抓获，但这回碰上的不是上次那只黄鼠狼。

这只黄鼠狼哈哈大笑："我真运气，碰上我最爱吃的老鼠了。"蝙蝠急中生智，马上辩解说："您爱吃的是老鼠，但我不是老鼠呀！您没看见我长着翅膀吗，哪里有长翅膀能飞翔的老鼠呢？我是鸟啊！"

黄鼠狼看它说得也对，就把它放走了。

就这样，蝙蝠靠着自己那副"似鸟非鸟，似鼠非鼠"的模样，以及碰到危险能随机应变的小聪明，两次蒙混过关，幸运脱身。

这件事在蝙蝠中广泛流传，于是蝙蝠都为自己特殊的模样而洋洋得意起来。以后只要有机会，就耍起"滑头"来。

传说那个时代的鸟类家族和兽类家族之间经常发生战争，他们打仗时，蝙蝠总是先站在一旁观看，从不参战，心里暗暗盘算着：哪个打赢了，我们就跟着坐享其成，可得好好利用一下我们的特殊外貌。

这一次是鸟赢了，蝙蝠就飞到鸟那里，说自己有翅膀，能飞翔，和鸟类是一伙的。于是跟鸟一起欢庆胜利。

如下一次是兽打胜了，蝙蝠就爬到兽那边，说自己的嘴脸是老鼠的模样，足以证明和兽类是一方的。于是又和兽类共庆胜利。

以后，此类的事情经常发生，蝙蝠看风使舵，永远成为胜利者，更加洋洋得意起来。

但是，时间一长，鸟、兽双方全都不喜欢蝙蝠，讨厌起这些投机家来。打仗的时候嘛，连影子都看不见，从不参战。打赢时庆功嘛，总有他一份，它依附在战胜者一方，跟着过好日子。世上哪有这么便宜的事。以后，鸟、兽双方识破了蝙蝠伎俩，双方都拒绝它们作为自己的伙伴。

蝙蝠这次是聪明反被聪明误，以后到哪一边都不受欢迎，全被驱逐出境，连落脚的地方都没有了，从此，在光天化日之下再也不敢出家门，只能灰溜溜地躲藏在阴暗角落里，只有等到夜晚才敢出来觅食。

据说，蝙蝠夜晚飞行、白昼睡眠的习惯就是这时候开始的。

其实，蝙蝠是一种具有回声定位、以耳代目、消灭害虫、维护自然界生态平衡的小动物，所以蝙蝠是我们人类当之无愧的朋友。

蝙蝠是具有飞翔能力的哺乳动物，全世界的蝙蝠有1000多种。其中有许多种是居住在洞穴，特别是岩溶洞穴之中。

蝙蝠是地球上适应能力很强、广泛分布的一种"翼手"动物，它的身影在晴天白日难以看见，而在漆黑的夜晚或十分昏暗的环境条件下却活动频繁。无论天有多么漆黑，它都能自由自在地飞翔而不会撞在任何物体上，这是因为它有回声定位的本领。人类通过对蝙蝠回声定位能力的研究，并受到启迪，进而发明创造了雷达以及盲人探路仪等，这也是蝙蝠对人类的贡献。

但是，蝙蝠却日益面临着生存的灾难。在美国数十种蝙蝠中有一半处于濒危境地，它们的消亡意味着人类将更加依赖化学药品来灭虫，其后果是可想而知的。

我国的某些地区，因受工业污染和人为干扰，蝙蝠的数量在呈下降趋势。但也有一些地区保护得比较好：如湖北省丹江口市蒿坪乡铁

动物天地

耙沟村境内象鼻山的峭壁上，有一个特大的蝙蝠洞，一万余只蝙蝠栖息于洞内，故铁耙沟方圆十多里内蚊蛾绝迹，田园树木皆免受害虫的侵扰。

不久前，国际动物保护协会发出"保护蝙蝠，维护生态"的呼吁，并成为国际性行动。显然，保护蝙蝠，就是保护人类自己。

游泳好手海狸鼠

海狸鼠又名"河狸鼠",同南美洲特有动物——水豚一样,同属啮齿类之列。在体形上它比水豚小,但比一般田鼠、家鼠又大得多。

据动物学者实地考察,海狸鼠一般长48~55厘米,肩高约22~23厘米,体重4千克左右;外毛粗而长,呈灰褐色,腹下有柔软厚密的绒毛。

最令人注目的是,它那枚长大的红色门齿和一条有鳞皮及稀少短毛的长尾巴。这条尾巴长达33厘米,如同一根圆棍子,恰与海狸扁平状尾巴呈鲜明对照。

另外,海狸鼠的游术也很突出。游泳时,它的后肢脚趾,在水中轻盈地划动着,显得格外利索和灵巧。它不仅在夏天喜欢水上生活,即使在严寒的冬天,也照游不误。

不过,海狸鼠不太讲卫生,它一边在水中游泳,一边又在水中排便,渴了还喝被它弄脏了的水。

海狸鼠的生殖能力很强。在自然界,海狸鼠一次最少生一只,最多生9只,以4~5只为最常见。出世的小海狸鼠,在妈妈的哺育下,生长速度也真惊人,很快就能跟着妈妈一起进餐,一起在水中游弋了。

海狸鼠在动物分类上属硬毛鼠科。主产于拉丁美洲的智利、秘鲁、巴拉圭、阿根廷等地,尤其喜欢在河湖边或幽静草密的小港湾中。如果遇到崖坡太浅,它便在苇丛中搭一个平台式的巢室。但是在一般状况下,它还是以穴居为主要形式。其穴多为一米深,内铺有干净的草叶。它的食物以根茎和鲜芽汁为主。

海狸鼠是一种重要的毛皮兽,它的毛皮柔软轻暖,可制上等的衣、帽和手套。今日海狸鼠遍布各大陆,成为动物园和饲养场的"宠儿"之一。

袋鼯怎样滑翔飞行

澳洲袋鼯是能滑翔飞行的兽类动物。它们没有鸟一般翅膀，靠的是四肢间的肉膜，就像蝙蝠一样。但是，却不能像蝙蝠那样自由地飞翔，而只具有滑翔的功能。

袋鼯常在树间滑翔飞行，它们一般是在夜间"飞来飞去"。

据说有位医生，突然有一天早晨在家门口发现了一只死袋鼯，至此，他才晓得自己的花园也住着这种会滑翔的动物。这只袋鼯为什么会死呢？经研究，它是夜间撞到粉刷成白色的墙壁上而死的。因为夜间飞行时，可能把白色的墙壁误认为明亮的天空。

袋鼯能滑行多远，这又是人们十分注意的研究课题。过去有人说：它能滑行55米远。后来经过实验，认为袋鼯滑行距离主要取决于起飞的高度。如果它从很高的树顶上动身向下滑翔，那么就能滑行很远。据目击者说，它滑翔时，总是竭力以头部上扬的姿势着陆，然后，它又迅速地转着圈，呈螺旋式爬上树顶，接着再进行第二次的滑行。

在滑翔时，幼袋鼯往往趴在妈妈的背上，看来它没有一点害怕之感。

袋鼯是夜行性动物，白天它卷曲着身子，或者用尾巴把自己盖起来，在窝里呼呼睡大觉。到了黄昏时候，它便变得活跃起来。人工喂养的袋鼯，往往把人看作森林中的"树木"，从这个人身上滑翔到另一个人身上，简直没有一刻安宁的时候。

海鸟的潜水能力

海鸟如果不会游泳，那怎么能生活在海洋之上？海鸟不但要学会游泳，而且还要学会潜水，否则它怎么能捕捉到海洋里的生物呢？因而，海鸟不但会飞，而且还会游泳和潜水。

海鸟有一点和鸭子很像，那就是：它即使在水里泡上好长时间，羽毛也不会吸水，这是因为它们的尾脂腺很发达。羽毛不吸水有一个很大的好处，就是既可保暖，又便于随时飞翔。我们都知道，如果羽毛上沾满了水，沉甸甸的，是无法飞起来的。

几乎所有的海鸟脚的位置都是朝后的，且都呈蹼状，有蹼就能游泳，又有助于捕食。

海鸟除了摄取水面上的食物外，还能潜水觅食。至于潜水的深浅和时间的长短，那就"因鸟而宜"了。大多数海鸟可以潜到3～4米深，时间约为1-2分钟；少数海鸟可以潜到10米左右，时间约为3～4分钟。

海鸟潜水能力的不同与它们的身体比重有很大的关系，一般地，身体比重重的，潜水就毫不费力；身体比重轻的，潜水就困难些。比如，鸬鹚的身体比重比较重，为0.97，潜水能力就强些；而海鸥的身体比重较轻，只为0.59，因而不大容易潜水，它要潜水得从空中开始准备，然后利用身体下降时的力量"冲"进海里。

海鸟中的潜水冠军要算是南极的帝企鹅了，它们能下潜到200多米深的海里。海鸟在水下的游速不是很快，一般是每秒不超过1米。

会水不会飞的企鹅

企鹅属鸟类，但它却不会飞，像世界上最大的鸟类——鸵鸟一样，它们的翅膀已经退化。不过，退化的翅膀并非没有一点儿用处，它变成了鳍，因而，企鹅也有绝技，那就是会游泳和潜水，游泳时速可达36公里。

除了用鳍当作"桨"划水以外，企鹅的其他身体结构也适合于水下生活。它那笨重的身体呈纺锤型，它的骨头很轻，中间充满了空气，这都帮助它在水中减少阻力。另外，它的肌肉很发达，也很适宜游泳。

有人说，企鹅是"穿着燕尾服"的动物。正因为它的肚皮是白色，使水下的敌害不易发现它们，从而起到很好的保护作用。

企鹅大部分时间生活在水里，它们必须游得很快，方可捕捉到鱼虾吃。它们的舌头表面布满了钉状的头，适于捕捉甲壳类动物或鱼类。不过，在海里时，它得十分警惕，以防被别的动物吃掉。它们最害怕的海底动物是海豹和鲸鱼。在水下，它们的眼睛很敏锐，以便随时发现敌害。

企鹅长得很可爱，它们的腿短短的，身体大都是扁平的，背部的颜色是黑的或是深灰色的，而肚皮却是白白的，头旁边还有一块黄斑。它的羽毛很特别，羽轴宽而短，在身体表面成为鳞状。换羽时，全身羽毛大块脱落，一般要十多天才能换完。

企鹅的脚长在身体的后部，因此它可以直立行走。它脚趾间有蹼，趾端还有大爪，这个大爪可以让它们插进冰里，以免滑倒。企鹅走路姿式很有意思，摇摇摆摆的，走得很慢。

因为企鹅的腿很短，所以它们不善于跑。当遇到危险时，它们便躺倒，肚子贴在冰面上，用后足和鳍脚推掌冰面，以每小时30公里的速度在冰雪上滑行。

企鹅有群集的习性，目的是大家挤在一起防风保暖。

平时，企鹅喝海水，吃海洋生物，但不用担心它身体内、血液中含有过浓的盐分，因为它有构造特殊的鼻腺，可以将多余的盐分排出体外。

海陆空"三栖"潜鸟

潜鸟的体形比普通鸭类小，嘴强直，端部尖锐，鼻孔呈缝状，翅长而尖，故善飞行。尾羽短，脚有四趾，故善潜水。

潜鸟受惊时，身体会急速潜入水下，躲藏起来，有时仅仅将头部或嘴露出水面，故而得名"潜鸟"。

潜鸟主要生活海边，在岛上繁殖。当然，也有的潜鸟生活在江河湖泊之中。生活在海里的潜鸟喜吃甲壳动物、软体动物和其他海洋无脊椎动物；生活在江河湖泊等淡水水域中的潜鸟喜吃鱼类、水生昆虫和蛙类。

潜鸟性情较为孤僻，不喜群居，只愿意单个或一对对生活。

它们也是建巢繁殖，巢多建在靠近水边的岛屿、湖岸，巢的结构和地点有关，有时在沼泽地的洼地，材料以水草为主。

雄鸟在求偶时会发出很大的叫声。雌鸟每窝产卵两枚。卵呈椭圆形或长卵形，橄榄褐色和橄榄绿色，杂以暗褐色或黑色斑纹。

与大多数海鸟一样，潜鸟孵卵工作由雌、雄鸟共同完成，孵化期为25天左右。

在繁殖季节，潜鸟有占区行为。雌鸟一般占区两三百米，雄鸟最大占区为1千米。然而，有敌人闯入它们的区域时，它们并不反抗，而是逃出巢去，跳进水里，游出去很远很远，直到认为已经远离敌人为止。

鸵鸟有一双强有力的腿

　　高个子的鸵鸟有一双长长的腿和十分强健的双脚，你别看它又高又重，其实一点也不笨重，它奔跑的速度快得惊人。一般地，它可以一步跨出4米，每小时可跑60多公里，完全可以和非洲羚羊相媲美。

　　那么，它的这双强有力的腿脚是如何练就的呢？

　　无论是非洲鸵鸟，还是美洲、澳洲鸵鸟，凡是鸵鸟，它们一般都不是生活在森林中，而是喜欢群居于荒漠或草原，特别是非洲鸵鸟，它们多生活在撒哈拉大沙漠中的草地，以及平原、山谷和低矮的灌木区。这些地方多宽广无边，很少有高大树木，这就意味着毫无遮拦。因没有遮挡，所以，鸵鸟们很容易被敌害发现而被追踪。它们如果要想躲开追捕，它们就必须跑得比敌害快很多。另外一个原因是，荒漠和草原中极少有水，为了找寻食物和水源，也需要鸵鸟们跑得快。

　　长此以往，鸵鸟们逐渐练就了一双强有力的双腿，双脚也练得十分强健，而且脚趾下面还有厚厚的肉垫，非常适宜在炎热的沙土上奔跑，无论沙子被太阳晒得多烫，也不会烫坏鸵鸟的脚。有了这层肉垫，鸵鸟们就可以随意地在沙漠中找东西吃了。

　　有人说鸵鸟是个出色的"竞走运动员"，也是个优秀的"长跑运动员"，更有人说它是"善走、善跑的鸟"。

　　鸵鸟凭借着它的这双强有力的腿，不仅跑得快，而且还有助于用双腿当武器，打败敌人。大多数情况下，鸵鸟们就用这双腿对付敌人。它只要用力一踢，能将一只猎狗踢出去好远，而且半天爬不起来。

水陆两栖的褐河乌

褐河乌的别名叫"水黑老婆"，它隶属鸟纲、雀形目、河乌科、河乌属。这种鸟体型中小型，雄鸟重百余克，体长20多厘米，雌鸟比雄鸟长一些。

这种鸟浑身呈纯黑褐色，上体呈朱古力光泽，眼圈部分为白色，眼、嘴为黑褐色，脚、趾为铅褐色。

在我国，褐河乌留居于东部地区，栖息于山地溪流间，有时在水底步行，有时用翅潜泳，以捕食水底的昆虫和无脊椎动物为主，故而又有人称它为"潜水能手"。

除了会潜水、游泳外，它还会飞行，只不过飞行距离很短，也从不飞离水面。它飞行的目的只是从一个岩石飞到另一个岩石上。

褐河乌的鸣声和它的游泳本领一样"高超"，它的鸣声清脆动听。不同的鸣声所表达的意思也是不同的。比如，当它在岩石上尖叫，则表示天敌临头；雌、雄并肩齐鸣，则表示它们是一对"夫妻"；独自边飞边鸣，则表示正在求偶；鸣声杂乱，则表示鸟群中发生"殴斗"。除此，它们还有各种表示不同意思的鸣声，可谓花样繁多。除了鸣叫，褐河乌的"舞蹈"也跳得不错，经常在巨石上欢快地边鸣边跳。

褐河乌的鸟巢十分奇特。它们一般选择在"溪流间巨石堆积处无水浸泡的小小空间"筑巢。巢形呈碗状，多用溪边草丛中的小草和苔藓建成，巢里衬垫山羊草、苔草等。由于巢窝"藏"在溪流中，故而它们进出巢窝，都必须穿过"水帘"。

每年的夏初时节是褐河乌的繁殖季节，雌鸟每窝产卵4～6枚，卵呈梨状，顶端有乳白色圆环。孵化期为半个月左右。孵化、育雏都由雌鸟完成。

游禽也会被"淹死"

游禽会游泳，这是我们大家都知道的。

不知你有没有听说过这样一句话："淹死会水的"，意思是说在被淹死的人中多半都是会游泳的。这是为什么呢？好像没有人专门研究过，但无非是会游泳的人相对不会游泳的人更不怕水，而且会游泳的人因为会游泳，所以比不会游泳的人有更多的淹死机会。不会游泳的人因为不会游泳，所以他们不会傻傻地往水里跳。

那么，会游泳的游禽会被淹死吗？回答是肯定的。

企鹅也好，鸭子也罢，大多数游禽之所以能长期泡在水中而不觉得寒冷，原因就在于它们能从尾脂腺中将尾脂啄食出来，然后以不停地梳理羽毛的方法使油脂涂抹在每根羽毛上。这样羽毛被油脂保护着，就不会吸水，从而起到了防水的作用。

我们知道，沾了水的羽毛比不沾水的羽毛要重得多，故而沾了水的翅膀是无法起飞的。像海鸥等海鸟，它们的羽毛正因为不沾水，所以既能在海里畅游，又能直接从水中飞上天空。

如果游禽的尾脂腺分泌油脂减少，而它又因为各种原因而很少梳理羽毛，势必造成包裹在羽毛外层的油膜破损。这样，羽毛就不能防水了。当它在这时落入水中后，水立即会通过羽毛进入绒毛。绒毛就像棉花一样慢慢地吸水，使它的身体越来越重，既无法浮在水面，又游不动，最后沉入水底淹死。

这就是游禽也会被淹死的原因之一。

研究者在研究后发现，游禽羽毛虽然有油膜保护，不会沾水，但它们不能沾煤油。这是因为油膜与水不浸润，但与酒精、煤油是浸润的。酒精挥发性强，沾在羽毛上后，很快就挥发掉了，故而对游禽影响不大。

　　我们经常可以在报纸、电视里看到这样的报道：某片海水被从油轮上泄漏下来的石油污染了，海面上漂浮着一层厚厚的石油。这时，生活在这片海区的游禽就会大批死去。原因就是它们的羽毛沾上了煤油，使羽毛上的油膜遭到破坏，从而没有了防水作用，不能游动，又不能飞翔，就被淹死了。

　　明白了游禽会被淹死的道理后，为了保护游禽，人们应当减少水质污染，让游禽始终生活在碧波清水之中。

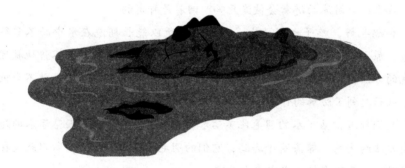

◎ 昆虫小天地 ◎

　　昆虫是动物家族中的"小兄弟"，它们常常受到其它大型动物的"欺负"。然而，数以万计的种群和惊人的生殖能力、顽强的适应能力，使它们存在于天地和水域之间。

　　小昆虫，大世界，只要我们走近它们，就会有无限的惊喜发现……

昆虫的"语言"

　　无论昆虫用何种方法发出声音，这些声音其实就是它们的"语言"。那些用振动翅膀发出声音的昆虫，它们的语言被称为"翅膀语言"。它们的翅膀除了飞行，还有相互传递信息的功能。如蚊子的翅膀发出一种特别的嗡嗡声时，那是聚会的信号，其它蚊子听到声音后，会从四面八方聚集而来。

　　当然，昆虫的语言并非只有"翅膀语言"这一种。除此，它们还有气味语言、舞蹈语言等等。

　　舞蹈语言是蜜蜂所特有的。工蜂出巢采蜜之前，总是会先派出几只"侦察兵"外出探寻蜜源。它们一旦找到蜜源后，立即回巢，通过特定的舞蹈方式把蜜源转告同伴。如果蜜源离蜂巢60米以内，它们就会跳"圆形舞"，即围着蜂巢作圆形跑步；如果花蜜多而甜，它们就跳得特别起劲；如果蜜源离蜂巢80米以外，它们就跳"摆尾舞"（或叫"∞"字舞）；如果跳舞时，它们的头向上，则是告诉同伴蜜源对着太阳的方向；头向下，则是告诉同伴蜜源背着太阳的方向。

　　气味语言恐怕是昆虫用得最多的一种语言，特别是蚂蚁，可以算得上是"气味语言"的"专家"了。当外出找寻食物的蚂蚁发现食物后，就会回巢报信，一路上留下自己身上的特殊的化学气味，形成气味通道。同伴们便可循着这条气味通道找到食物，再寻气味把食物搬回家。除此，蚂蚁还可利用气味语言互通情报等。

　　雌蛾身上的性引诱素也是一种气味语言，当数十米之外的雄蛾闻到这种气味后，仿佛是听到雌蛾在呼唤，它便循味和雌蛾约会去了。

蝉为什么鸣叫

蝉为什么要鸣叫？换句话说，它鸣叫的目的是什么呢？

关于这个问题，目前比较普遍的说法是雄蝉在召唤异性。也就是说，它的叫声实则是它的"情歌"。还有一种说法是：蝉声也是一种"报警器"，当一个蝉被抓住后，会发出叫声通知它的伙伴。第三种说法是：蝉声是同类相互联络的"信息"。应该说，不同的叫声所表示的意思是不同的。

那么，昆虫学家法布尔是怎样看待这个问题的呢？他说

我对雄蝉歌唱是在召唤伴侣的说法有不同看法。15年来，我不得不与蝉为邻，虽然我不乐意听它们唱歌，却相当热情地观察着它们。它们雌雄混杂成行，栖息在梧桐树枝上，吸管插入树枝，一动不动地吮吸着树汁。日影移动，它们也在树枝上跟着慢慢转动，总是朝着最亮最热的方向，但不管是吮吸着还是移动位置，歌声一直不断。这种无休止的歌唱能够视为爱情的召唤吗？

在这群蝉的聚会中，既然雌雄并排偎依，就不会一直几个月都在求偶。而且我从未见过一只雄蝉跑到叫声最响的乐队中去。那么这是迷惑、感动无动于衷者的方法吗？我仍有怀疑。当情人们奏起最响亮的音簧时，我从未见过雌蝉有任何满意的表示，有丝毫扭动、爱抚的动作。

由此我只能说，这种漠然置之似乎说明雌蝉对歌声是完全无动于衷的。另外，对歌声敏感的，一定有敏锐的听觉，而蝉却是"聋子"。

原来，法布尔之所以不同意蝉声是召唤异性的说法，是因为他说蝉是"聋子"，雌蝉根本无法听见雄蝉的"歌声"。

世界昆虫之最

最重的昆虫：

非洲近赤道地区金龟子科的一种甲虫，成年雄性个体重量为71～100克。

最长的昆虫：

印度尼西亚的一种大竹节虫，最长的一个雌性个体长达33厘米。

最小的昆虫：

昆虫纲中的膜翅目中的寄生蜂，它们的体长只有0.02厘米，翅展只有0.1厘米。

寿命最长的昆虫：

几丁虫寿命最长，其中一些种类仅幼早期就长达30年以上。以前有人认为等翅目白蚁的蚁后能活50年以上，其实它只能活15年。

生活在地球最南边的昆虫：

弹尾目的昆虫生活在南纬77°，距南极1450公里外，是生活在地球最南边的昆虫。

翅扇动最快的昆虫：

摇蚊翅扇动最快，每分钟约达63000次。如果截去翅的尖端，放在华氏99度的温度下，翅扇动速度达到每分钟13万次左右。

翅扇动最慢的昆虫：

黄凤蝶，每分钟扇翅300次，而大多数蝴蝶的翅每分钟扇动五六百次。

最大的蝗虫群：

1889年，一个巨大的蝗虫群覆盖了大约810公顷的地面，估计有2500亿个体，约重55万吨。

最大的黄蜂：

生活在印度尼西亚的一种黄蜂，身长有4厘米，被认为是最大的黄蜂。

蜘蛛奇妙的微型纺机

蜘蛛是吐丝织网的能手。它的身体里仿佛有一架微型纺机，不停地纺出细丝，供它织网。

在蜘蛛身体后端肛门下，有一个纺绩突。纺绩突有小管道通往蜘蛛腹部下面的多种纺绩腺。纺绩腺分泌出蛋白质液体，通过小管道流到纺绩突，再由纺绩突喷出，遇空气后就变成了丝。

蜘蛛体内的微型纺机所独具的功能是人们难以想象的。它可以纺出不同粗细、不同色彩，甚至不同湿度的纤维。这些不同的丝纤维各有不同的妙用。柔软、色泽明亮的细丝，蜘蛛用它来编织卵袋，安置自己珍爱的卵子。含有吡咯烷酮粘液的湿丝，用来做诱捕昆虫的网面。一种粗糙而干燥的丝则用来做蛛网的网架。蜘蛛在使用它的丝时，并不需要停下来作什么思考，完全可以通过它的本能安排好一切。

蛛丝经检测显示是酸性的，而且含有杀菌物质，所以霉菌难以滋生，这就保证了蛛丝的长久不易腐烂。

蛛丝非常细，直径只有0.00508～0.025毫米粗细，蛛丝虽然这么细，可是却有很强的韧性。如果把钢丝抽成与蛛丝相同直径的丝，它的韧性还比不上蛛丝。即使把蛛丝拉到原来的五分之一粗，它也不会折断。同时蛛丝又非常轻盈，比以轻盈著称的蚕丝还要轻。有人做了这么个假设，如果将蛛丝绕赤道一圈，其重量也不会超过6盎司。其运载工具既不需要卡车，也不需要自行车，只要将它随身放在挎包中即可。

蛛网具有很好的弹性，这样当小虫撞到蛛网上时，不会使蛛网轻易损坏。瑞士巴塞尔大学的动物学家解释了蛛网具有弹性的原因。他们在电子显微镜下观察蜘蛛网的结构时，发现蛛丝有一种类似弹簧的构造，即一条条微型蛛丝卷。它们可以在遇到重物时拉长，负重消除后重新卷曲起来。所以当蛛网上跌进猎物时，蛛丝能明显扩张。

"大夫蚁"和"气象蚁"

大夫蚁主要生活在南美洲的森林地带，它有锋利的、像虎钳样的牙齿，当地的印第安人就用它们的牙齿来完成外科缝合手术。

当你不幸割破了身体的某一个地方，你先用手将伤口捏紧，取出一些大夫蚁放在伤口边缘。大夫蚁们会很"自觉"地用它的虎钳样的牙齿将伤口紧紧咬在一起，就像用针线缝合一样。然后，你把它们的身体掐断，让它们的牙齿继续夹住伤口。当伤口完全愈合，你就可以"拆线"了，即把那些牙齿轻轻拔出来扔掉。

非洲也有大夫蚁，有些地区的医院干脆就有大夫蚁为做过手术的病人缝合手术切口。缝合过程与前述大致相同，医生做完手术后，用手将伤口捏合在一起，然后把事先准备好的一只大夫蚁放在伤口上。大夫蚁立即会紧紧咬住伤口两边的皮肤，这时，医生迅速剪掉蚂蚁的胸部和臂部，使蚂蚁的嘴巴和身体分离。

几天后，被蚂蚁紧紧咬住的伤口就粘在了一起，可以"拆线"了。

也许有人要问，手术缝合伤口时，针线都是要经过严格消毒的。那么，在用大夫蚁缝合伤口之前，是不是也要给大夫蚁消毒呢？不用。这是因为大夫蚁在咬住伤口时就会泌出一种可以预防感染的类似抗菌素物质，这种物质起到了消炎作用，因而不会使伤口感染化脓。

有一种会预报水灾"气象蚁"。这种气象蚁生活在亚马孙河地区，据科学家研究，洪水到来之前几个星期，气象蚁们就有所察觉了。为了证实自己的感觉，它们分别爬到树上、跑到河边，四处搜集气象情报。

然后，它们带着各自搜集到的情报回到巢穴，坐在一起"开会"，根据情报资料分析、讨论、确定是否真的有水灾发生。只见它们围成一堆，相互拍打触角，好像是在传递资料、交换意见似的。

会议结束，如果它们一个个不慌不忙地，该干什么还干什么，那说明它们经研究、分析后，确定近期不会有水灾。如果一散会，它们就神色匆匆地忙着搬迁，那说明它们已经确定水灾就要发生。

我们常听说"蚂蚁搬家"这句话，蚂蚁一般是不轻易搬家的，一旦它们决定搬家，说明一定有自然灾害将要发生。

气象蚁们排着队，浩浩荡荡地往别的地方迁移。有时，它们的队伍要绕过印第安人村庄，有时，它们由村中街上直穿而过。印第安人一见气象蚁在搬家，就知道将要发生水灾，从气象蚁们不同的搬家路线，他们就可判断哪些地方要被水淹，哪些地方淹不着。

长期以来，印第安人就是靠这些气象蚁的"预报"，来准确判断水灾的情形。

世界上还有一种叫黄丝蚁的蚂蚁，它们也可预报天气。当你看到它们往高处搬"家"时，就预示着将有连绵阴雨，而且雨量较大；当它们往低处搬时，就预示着未来将出现旱情。

蚂蚁为什么不会迷路

蚂蚁是靠什么辨别方向的呢？

它们靠的是嗅觉。你在蚂蚁必经之路，用手指使劲抹擦几遍，这就破坏了蚂蚁所熟悉的气味，或者你在它们的必经之路上，放一个很刺激性的物品，如卫生球、香水等，同样可以破坏原有的气味。

然后，你躲在一边细细观察，你就可以发现，当成群结队的蚂蚁经过这里时，队伍突然大乱，这是因为它们嗅不到原来的气味而迷了方向。于是，它们用触角互相拍打，转告异情。

在这种情况下，蚂蚁们该如何应付呢？莫非就在这里重建巢穴？

当然不可能，它们有它们的办法，它们走走停停，似乎是在摸索，接着，它们又在原地兜了几个大圈子后，逐渐绕过异味处，重新建立了新的路标。

它们是靠什么办法重建新路标的呢？科学家发现，它们采用的是一种定位手段。那么，它们又是靠什么定位的呢？法国昆虫学家法布尔认为，它们靠的是太阳的位置，这叫做"天文路标"。

我们可以做这样一个小试验，首先选择一个正抬着食物往"家"走的蚂蚁，在它的前进方向上做一个记号，然后，用一个密不透光的纸盒把它盖住，几个小时后，当你掀开盖后，发现蚂蚁已经不按它原来前进方向前进了，而是正朝另一个方向前进，这个新的路线与原来的路线形成的夹角，正好是太阳移动的角度。可见，蚂蚁是利用太阳的位置来定新路标的。

纸盒密不透光，蚂蚁见不到太阳，如何还能利用太阳的位置定路标呢？它们并非一定要在太阳光底下才能定路标，它们只需要利用太阳的偏振光。太阳的偏振光不论是在什么天气下，就算是在阴雨天，或天空乌云密布时，都能穿过云层到达地面。蚂蚁和其它如蜜蜂、蝇类等利用太阳定位的动物一样，借助太阳的偏振光，就能建立新路标。

蚂蚁用来认路的两种主要方法就是"气味"和"太阳"。

除此，美国哈佛大学生物学家霍特勃勒还发现，蚂蚁还要用"图像"认路，他把这种方法叫做"接图导航"。

他曾做过一个试验：

把一群蚂蚁从森林里带回实验室，在实验室的天花板上糊了一幅巨大的森林阴影的透明图像，然后在图像的后面装一盏照明灯。关上实验室里所有的灯，蚂蚁们在一片漆黑中，无法找到回"家"的路；把灯打开，蚂蚁们利用森林阴影的图像很快找到了"家"。

在一般情况下，蚂蚁们主要是依靠"气味"认路。

蟋蟀其实是害虫

　　蟋蟀看似讨人喜欢，但对于农作物来说，其实是有害的。我国蟋蟀的品种很多，如普通蟋蟀、大棺头蟋蟀、小针蟋蟀、灶马蟋蟀、铁弹子蟋蟀、大蟋蟀、树蟋蟀、中华蟋蟀等等。但数量最多、为害最大的，主要有三种，即油葫芦、大棺头蟋和中华蟋蟀。

　　油葫芦成虫体长18～24毫米，黑褐色，有油光，分布广泛，野外田间几乎处处可见，为害多种农作物，特别是油料作物。

　　大棺头蟋成虫体长15～20毫米，头较宽阔，雄性的头呈棺材头状，故名曰：大棺头，是秋苗的大敌。

　　中华蟋蟀就是俗称的蛐蛐、斗蟋，成虫体长14～18毫米，为害多种农作物，田间和村落周围砖逢中均可见到。以上这三种蟋蟀占蟋蟀总发生量的70%以上。

　　根据专家们几年来的观察与研究，发现这三种蟋蟀的生活史极为相似，都是一年只繁殖一代，卵在土壤中越冬。在河北省南部地区，油葫芦的幼虫每年4月下旬开始孵化出土，5月中下旬达到出土盛期；大棺头蟋和中华蟋蟀5月中旬开始出土，5月下旬至6月上旬为出土盛期。这三种蟋蟀的若虫均为6龄（即脱皮6次而羽化为成虫）。羽化的盛期，油葫芦在8月上中旬，其它两种在8月中下旬。成虫交尾后产卵，油葫芦的产卵盛期在9月中上旬，其它两种在9月中下旬。到10月份天气渐寒，田间的蟋蟀逐渐死亡。这三种蟋蟀成虫的寿命，平均都在两个月左右。

　　蟋蟀交尾后次日即产卵。产卵时选择少杂草而向阳的渠坡、田埂、畦背等处，土质稍硬、温度适宜的地方。

　　蟋蟀的栖息场所，春季在温暖向阳、杂草早萌的地方。炎热的夏季，白天多藏于阴暗潮湿的处所，如柴草堆下、石块下或砖缝中，成虫还能在潮湿的地面挖土营穴。夜间从栖息地出来取食鸣叫，交尾产卵。

蟋蟀以植物为食，食物缺乏时可自相残杀。3龄以前的若虫食量小，以嫩草和早播的秋苗为食；4龄以后食量增大，活动范围也扩大，严重危害秋作物和秋菜。成虫不仅为害农作物的根茎，还为害花果和籽粒。

由于蟋蟀的繁殖力较强，食性杂而自然天敌又较少，所以环境适宜时容易大量繁殖而造成对农业作物的危害。

蜜蜂能预兆天气

蜜蜂能预兆天气。它外出采蜜时，如果是出去早回来迟，那就预示着第二天将是一个晴天。如果早上蜜蜂迟迟不肯离巢，或者离巢晚，归来早，那就是预兆不久将会有阴雨。当蜜蜂冒着细雨去采蜜时，则预兆着天气将会由阴转晴。

这是为什么呢？原来，在晴天的时候，花蕊分泌出的甜汁多，香味也浓郁，蜜蜂很容易嗅到，于是便早早出去采蜜了。而每逢天阴下雨前，空气的湿度就会变大，花蕊分泌的甜汁少，香味不易散发，不易嗅到，因此它就迟迟不出蜂房了。当它出窝后，由于翅膀上沾满了湿度和水分，飞行比较困难，所以也就常会提早回巢了。

参 考 书 目

《科学家谈二十一世纪》，上海少年儿童出版社，1959年版。

《论地震》，地质出版社，1977年版。

《地球的故事》，上海教育出版社，1982年版。

《博物记趣》，学林出版社，1985年版。

《植物之谜》，文汇出版社，1988年版。

《气候探奇》，上海教育出版社，1989年版。

《亚洲腹地探险11年》，新疆人民出版社，1992年版。

《中国名湖》，文汇出版社，1993年版。

《大自然情思》，海峡文艺出版社，1994年版。

《自然美景随笔》，湖北人民出版社，1994年版。

《世界名水》，长春出版社，1995年版。

《名家笔下的草木虫鱼》，中国国际广播出版社，1995年版。

《名家笔下的风花雪月》，中国国际广播出版社，1995年版。

《中国的自然保护区》，商务印书馆，1995年版。

《沙埋和阗废墟记》，新疆美术摄影出版社，1994年版。

《SOS——地球在呼喊》，中国华侨出版社，1995年版。

《中国的海洋》，商务印书馆，1995年版。

《动物趣话》，东方出版中心，1996年版。

《生态智慧论》，中国社会科学出版社，1996年版。

《万物和谐地球村》，上海科学普及出版社，1996年版。

《濒临失衡的地球》，中央编译出版社，1997年版。

《环境的思想》，中央编译出版社，1997年版。

《绿色经典文库》，吉林人民出版社，1997年版。

《诊断地球》，花城出版社，1997年版。

《罗布泊探秘》，新疆人民出版社，1997年版。

《生态与农业》，浙江教育出版社，1997年版。

《地球的昨天》，海燕出版社，1997年版。

《未来的生存空间》，上海三联书店，1998年版。

《宇宙波澜》，三联书店，1998年版。

《剑桥文丛》，江苏人民出版社，1998年版。

《穿过地平线》，百花文艺出版社，1998年版。

《看风云舒卷》，百花文艺出版社，1998年版。

《达尔文环球旅行记》，黑龙江人民出版社，1998年版。